衢州文库 区域文化集成

古埠迷宫

衢州開化霞山古村落

陈凌广 编著

商務印書館
创于1897 The Commercial Press

图书在版编目(CIP)数据

古埠迷宫：衢州开化霞山古村落/陈凌广编著.—北京：商务印书馆,2016

(衢州文库)

ISBN 978-7-100-12751-6

Ⅰ.①古… Ⅱ.①陈… Ⅲ.①村落—古建筑—研究—开化县 Ⅳ.①TU-092.2

中国版本图书馆CIP数据核字(2016)第284635号

古 埠 迷 宫

——衢州开化霞山古村落

陈凌广 编著

商 务 印 书 馆 出 版

(北京王府井大街36号 邮政编码100710)

商 务 印 书 馆 发 行

山东鸿君杰文化发展有限公司印刷

ISBN 978-7-100-12751-6

2016年11月第1版 开本 710×1000 1/16

2016年11月第1次印刷 印张 14.5

定价：58.00元

浙江省哲学社会科学规划

重点研究成果

《衢州文库》总序

陈　新

衢州地处钱塘江源头，浙闽赣皖四省交界之处，是一座生态环境一流、文化底蕴深厚的国家历史文化名城。生态和文化是衢州的两张“金名片”，让250多万衢州人为之自豪，给众多外来游客留下了美好的印象。

文化是一个地方的独特标识，是一座城市的根和魂。衢州素有“东南阙里、南孔圣地”之美誉，来到孔氏南宗家庙，浩荡儒风迎面而来，向我们讲述着孔子第48代裔孙南迁至衢衍圣弘道的历史。衢州是中国围棋文化发源地，烂柯山上的天生石梁状若虹桥，向人们诉说着王质遇仙“山中方一日、世上已千年”的传说。衢州也是伟人毛泽东的祖居地，翻开清漾村那泛黄的族谱，一部源远流长的毛氏家族史渐渐清晰……这些在长期传承积淀中逐渐形成的文化因子，承载着衢州的历史，体现了衢州的品格，成为衢州人心中独有的那份乡愁。

丰富的历史文化遗产是衢州国家历史文化名城的根本，是以生态文明建设力促城市转型的基础。失去了这个根基，历史文化名城就会明珠蒙尘、魅力不再，城市转型也就无从谈起。我们要像爱惜自己的生命一样保护历史文化遗产，并把这些重要文脉融入城市建设管理之中，融入经济社会发展之中，赋予新的内涵，增添新的光彩。

尊重和延续历史文化脉络，就是对历史负责，对人民负责，对子孙后代负责。对此，我们义不容辞、责无旁贷。近年来，我们坚持在保护中发展、在发展中保护，对水亭门、北门街等历史文化街区进行保护利用，复建了天王塔、文昌阁，创建了国家级儒学文化产业试验园区，儒学文化、古城文化呈现出勃勃生机。我们还注重加强历史文化村落保护，建设了一批农村文化礼堂，挖掘整理了一批非物质文化遗产，留住了老百姓记忆中的乡愁。尤为可喜的是，在优秀传统文化的涤荡和影响下，衢州凡人善举层出不穷，助人为乐蔚然成风，“最美衢州、仁爱之城”已成品牌、渐渐打响。

《衢州文库》对衢州悠久的历史文化进行了收集和汇编，旨在让大家更加全面地了解衢州的历史，更好地认识衢州文化的独特魅力。翻开《衢州文库》，你可以查看到载有衢州经济、政治、文化、社会等沿革的珍贵史料文献，追溯衢州文化的本源。你可以了解到各具特色的区域文化，感悟衢州文化的开放、包容、多元、和谐。你可以与圣哲先贤、仁人志士进行跨越时空的对话，领略他们的崇高品质和人格魅力。它既为人们了解和传承衢州文化打开了一扇窗户，又能激发起衢州人民热爱家乡、建设家乡的无限热情。

传承历史文化，为的是以史鉴今、面向未来。我们要始终坚持继承和创新、传统与现代、文化与经济的有机融合，从优秀传统文化中汲取更多营养，更好地了解衢州的昨天，把握衢州的今天，创造衢州更加美好的明天。

文化传承的历史担当（代序）

由衢州市文化广电新闻出版局组织编撰的《衢州区域文化集成》与《衢州名人集成》出版发行了，这两套集成内容广泛，门类齐全，特色鲜明，涉及衢州的历史文化、民情风俗、文学艺术、乡贤名人等方方面面，是一项浩大的文化工程，是一桩当今的文化盛事，也是近年来一项重要的文化成果。古人说：盛世修志，盛世修书。这两套集成的应运而出，再次见证了今天衢州文化的繁荣和兴旺。

衢州是国家历史文化名城，地处浙、闽、赣、皖四省交界，是多元文化交汇融合的独特地域，承载着九千多年的文明，可谓历史悠久，人文璀璨，有着丰富多样又特色鲜明的地方文化。一方水土养一方人，一方人又创造一方文化，因此，就衢州的文化而言，无论是以儒家文化为核心的主流文化，还是质朴自然的民俗文化，都打上了鲜明的地域印记，有着别具一格的风采和神韵，这就是我们昨天的一道永不凋谢的风景！是衢州人的精神因子与文化内核，是衢州人文精神的源头。

一个地方的文化传统、文化内涵、文化底蕴、文化品位如何，靠的不是笔墨和口水，而是靠我们拥有的那份文化遗存，靠固有的文化资源和独特的人脉传承，靠历史留下的那份无需争辩的文化财富。这两套集成就是要对衢州优秀的文化传统与当代文化进行全面的整理，并进行深入研究，分类撰写，汇编成册，把那些丰富的文化内涵充分地展示出来，让那些久远的同时又是优秀的历史文化走出尘封，让那些就在身边的优秀当代文化更清晰，让它们变得可以亲近，可以阅读，可以欣赏，可以触摸，可以感受，让优秀的地方文化焕发光彩！

优秀的地方文化是我们与前人共同创造的宝贵精神财富，是我们共同的精神家园，是我们共同的文化之根，是我们世代传承的精神血脉。传承优秀文化，是我们今天应有的历史担当，也是当下经济发展社会进步的客观需要。习近平总书记在纪念孔子诞辰2565周年国际学术研讨会暨国际儒学联合会第五届会员大会开幕式上的讲话中指出："科学对待文化传统。不忘历史才能开辟未来，善于继承才能善于创新。优秀传统文化是一个国家、一个民族传承和发展的根本，如果丢掉了，就割断了精神命脉。我们要善于把弘扬优秀传统文化和发展现实文化有机统一起来，紧密结合起来，在继承中发展，在发展中继承。"我们出这两套集成的最根本目的就是要继承优秀的传统文化，又在继承中发展当下的文化，推进我们的文化强市建设，丰富城市的文化内涵，提升城市的知名度和美誉度，助推衢州经济社会的发展繁荣。

在今天新的历史时期，全市人民正团结一心，意气风发，开拓创新，为实现美丽的中国梦、美丽的衢州梦而奋发努力。在这种时代背景下，更需要有优秀的人文精神来凝聚人心，焕发激情，启迪心智，加油鼓劲！《衢州区域文化集成》与《衢州名人集成》的出版，就是顺应这一需要，通过接地气，通文脉，鉴古今，让昨天的文化经典成为我们今天追梦路上新的历史借鉴和新的精神动力！

衢州区域文化集成
衢州名人集成　编委会

2015年12月

目 录

僻地藏珍（代序）

叶廷芳

中国农耕文明历史之久远、形态之完备、内蕴之丰富在世界上堪称首屈一指。乡村是农耕文明的发祥地和根据地，故农耕时代的生产方式和生活方式的物质遗存主要在乡村，它们成为乡土文化的物质载体。在农耕时代乡村和城市的差别不像工业时代那么对比鲜明，所以城市中的文化形态诸如市井文化、庙堂文化、士大夫文化以及建筑文化等与乡土文化有着更多的亲和力，尤其是建筑，除了规模的大小外，其他如形式和风格、材料的选择、施工的方法乃至工匠的培养等方面几乎没有差别。

乡村建筑可以说是乡土文化的最重要的组成部分。在学而优则仕的科举时代，各级政府的官员绝大部分都来自农村，为了荣宗耀祖或衣锦还乡，他们一般都要在家乡建造至少能符合他们身份的建筑，包括陵墓。像浙江东阳市的卢宅，就是当年当地的一位进士修建的，成为第一批全国重点文物保护单位之一。在封建时代，由于人们的家族观念或姓氏观念较重，因而有了无数规模较大的祠堂、厅堂、亭阁等公共性建筑。至于寺庙、道观一类的宗教性建筑，砖塔、牌坊一类地标性建筑，磨坊、作坊、水碓一类的生产性建筑等亦随处可见。

改革开放以来，特别是近20年来，由于国人文物意识的觉醒和提高远远跟不上经济建设的急速发展，在各地官员对GDP特别是房地产经济的过度追求中，有文物保护价值的乡土建筑遭到破坏，许多文物保护专家、学者和社会有识之士对此表示忧虑，同时激起各界人士的抢救热情。谢辰生、陈志华，已故的徐苹芳、梁从诫；以及上海的阮仪三、杭州的毛昭昕等，都是其中的突出代表。本书作者陈凌广及其带领的课题组亦属这一抢救行动中一支小小的“突击队”。

陈凌广先生是衢州人。衢州与金华均地处浙西，这一带的历史建筑受安徽影响，比较讲究，如兰溪市的诸葛村，建德市的新叶村，以及开化县的霞山村等，都是远近闻名的古村落。由于浙西多为山区，向来以农业为主，民风古朴，较少受到现代文明的影响，这对古建筑的保留倒是一种侥幸。这才有陈凌广的幸运，使他还能找到像霞山这样的村落作为抢救和研究的对象。

陈凌广先生毕三年之力完成这本书，是个可喜的成果。

首先，选点得当。第一，霞山古村位于钱塘江源头，在浙、赣、皖的交界处，不仅有优美的群山环抱，有秀丽的溪水相傍，而且有千年前的唐宋古驿道相伴。第二，这个拥有2 400多居民的大村落基本上由两个氏族构成，即汪氏与郑氏。他们的祖上都来历不凡，故其代表性建筑都相当壮观，建筑形制也合乎规范，且建筑技术和艺术都堪称上乘。第三，聚落里的建筑门类十分齐全，即除民居建筑外，还有祭祀建筑（祠堂、厅堂等）、宗教建筑（佛庙、道观、教堂等）、文教建筑（学校、书院等）、生产建筑（水碓、作坊等）、商业建筑（商店、码头等）；第四，如上所说，它尚未被“现代文明”吞噬或搅乱，从照片上看，未见有碍眼的钢筋水泥建筑，而是清一色的古建筑。

其次，作者对村落的人文内涵挖掘得比较深透。一个古村落之所以值得整体保护，不单单是它的建筑文化，还要看它所包含的历史文化信息是否丰富。霞山村不仅有明代一位宰相的题词，还有朱熹等大儒们的讲学遗迹；不仅有踩高跷等非物质文化遗产，而且还有书院等重要的文化遗存。有这些内容做基础，一个研究对象就成立了。

最后，作者对那些代表建筑的装饰艺术，特别是其中的雕刻艺术分析得相当到位。他所展示的那些建筑构件诸如牛腿、雀替、月陀、隔扇、挂落、石鼓等，确实都是极为精致的雕刻艺术，从中可看出作者的艺术水平和美学见地。

据此笔者衷心祝贺陈凌广先生的这部作品的出版。

前　言

浙江衢州，历史上是个“重教兴文”之地，衢州成为历史上的富庶之地，商贾云集，官、商、儒不惜巨资，竭其所能在故里大兴土木以显赫门庭，光宗耀祖，于是一幢幢藻饰豪华，气势恢宏的宅第、祠堂等建筑在三衢大地落成。《古埠迷宫——衢州开化霞山古村落》这一专题就是立足于这样的区域文化背景下，以霞山民居为样本，对浙西建筑文化做一典型案例研究。

浙西霞山古民居的历史文化源远流长，从选址、布局、结构和材料等方面，无不体现着因地制宜、因山就势、相地构屋和因材施工的营建思想。另外，至今仍然醇厚的民风、民俗依然在浙西产生重要影响。民居不仅是一个物质环境，也是传统文化的载体，蕴含着浙西劳动人民千百年来的生活智慧和价值观念，以及浓郁的地域文化风情。正确地探索历史发展规律，既有利于继承中华民族的优秀文化传统，更有利于现实的创造和未来的开拓。浙江省在全面建设文化大省的潮流中，以创建和谐文化为宗旨，正朝着全方位挖掘地方文化，构建地域特色的发展宗旨，积极倡导各地对文化资源的开发与保护。对霞山古镇民居文化的研究与发掘，有利于当前进一步提升其丰富的经济价值和学术价值。

当前，浙江经济正以日新月异的速度走在全国的前列，自改革开放以来，具有浓厚人文色彩的浙江商帮的崛起，其根源在哪？其核心竞争力在哪？其可持续发展力在哪？

回溯历史，南宋以来儒学贴近实际，浙东学派讲求事功，经世致用，推进了浙江经济社会前进。据南孔儒学研究者认为，作为明清十大商帮之一的龙游商帮，是浙江商帮中最早跻身于全国商帮之林的商业集团，它实际上是衢州府（即衢州、龙游、江山、常山、开化等五县）商人集团的总称，其中以龙游县商人人数最多。它崛起于明中叶，在南孔儒学滋润下，崇仁重义，义利并举，亦贾亦儒，趋向儒化。将儒学融入商业经营管理，整合了儒学与经商的互动关系，以先进思想指导与推动经济发展。将思想文化与经济活动取得了有机结合，这一历史经验值得借鉴。霞山这个以木材运输业为主的商帮文化带来的经济的繁荣直接孕育了一代商贾、大户，这个山区边陲小镇的文明发展也由此而产生了现在的建筑格局。

建筑是人类文明的重要组成部分，古民居建筑是珍贵的历史文化遗产。它的可珍惜之处在于不可再生性，一旦毁坏则不可能复原。中国古代建筑艺术的审美观念与伦理价值也是密切相关的，建筑艺术不但满足审美愉悦，更要为现实的伦理秩序服务，这也是笔者研究这个专题的动因之一。著名乡土建筑保护与研究专家、清华大学陈志华教授在“乡土记忆丛书”的“总序”中写道：“乡土建筑是乡土生活的舞台和物质环境，它也是乡土文化最普遍存在的、信息含量最大的组成部分。它的综合度最高，紧密联系着许多其他乡土文化要素或者甚至是它们重要的载体。不研究乡土建筑就不能完整地认识乡土文化。甚至可以说，乡土建筑研究是乡土文化系统研究的基础。乡土建筑当然也是中国传统建筑最朴实、最率真、最生活化、最富有人情味的一部分。它们不仅有很高的历史文化的认识价值，对建筑工作者来说，还可能有一些直接的借鉴价值。没有乡土建筑的中国建筑史也是残缺不全的。”[1]诚然，古建筑能激起人们的民族自尊心和文化认同感，每个民族的人民都会为拥有世界级的文

---

〔1〕转引自罗德胤：《峡口古镇》上海三联书店，2009年。

化遗产而感到无比的自豪。有着五千年文明史的中华民族，正是依托着绵延不断的文化史，在继承中不断地创新，创造了令世人惊叹的物质与精神文化遗产而屹立于世界民族之林。浙西有着浙、闽、赣、皖“四省通衢”独特的区位优势，霞山历史上曾隶属于徽州，是通往安徽徽州、江西婺源、淳安的古驿道上的驿站古镇，一个浙西衢州山区的小小的聚落，是千百年来徽州文化与吴越文化碰撞的结晶。在霞山古民居建筑文化的遗存中，可以探寻到霞山人对美与善、情感与理智、心理与伦理、艺术与文化的独特审美取向。

本书从霞山古村落建筑文化的视角，从乡土建筑装饰入手，研究建筑内在的文化机理，以图文并茂的形式展现村落的物理形态。乡土建筑包含着许多种类，有居住建筑、礼制建筑、祭祀建筑、商业建筑、公益建筑、文教建筑等，每一种建筑都是一个独立的系统，如霞山郑氏就有宗祠如爱敬堂；支祠如大房裕昆堂、二房永锡堂、三房永敬堂、四房永言堂等建筑。这些建筑系统在聚落中形成了一个个分支系统，共同影响着聚落的总体结构构成，使聚落成为功能完整的有机整体，满足了作为一定区域内的特定历史条件下社会生活的需求与生活方式。因此，一个聚落的建筑文化往往反映着当地社会生活的方方面面，赋予了乡土建筑丰富的文化内涵，其时代价值毋庸置疑。

建筑艺术的民族性，是任何一个民族文化之所以能够成为世界文化一部分的前提。霞山古村建筑文化作为浙西一个聚落的乡土文化现象，在漫长的封建体制下，是“庙堂文化”“士大夫文化”“商业文化”“市井文化”“民俗文化”“戏曲文化”等的有效载体，从某个侧面反映出了浙西社会文化变迁的渊源和发展轨迹。“开化霞山古村落”及其文化遗产（包括古街道、古商埠、古钟楼、亭廊、祠堂、戏台、宅院、楹联、诗文、文献、古籍、高跷竹马、香草龙等），具有历史、文化、经济、建筑、民俗等多种价值，是丰富多彩的中国文化宝库中的瑰宝，也是浙西霞山人民创造性智慧的结晶。它是明清以致近代特定历史时期社会政治、经济、文化发展的“活化石”“活字典”“活典籍”，通过对这一“活化石”的保护利用和研究，可以探析出包括霞山古村落自身以及它对外所涉及的整个社会的曲折发展过程与发生的巨大变化。

在对霞山古村落民居文化现象的调研中，笔者认为，物质遗产的留存，可以让我们从一个比较直观的角度（部分地）还原历史的真实面貌，所以说文化遗产的核心价值在于“见证”了某一段历史。正如霞山上田村口的古钟楼一样，五百年多来，它和身边同样年岁的香樟树一同见证了霞山的过去、现在和未来。这个因传统山货商贸、木材运输发展起来的村落集镇，在本世纪之初，因其街巷交错，古居林立而被称作意韵悠远的“古迷宫”，但是经过近十多年无序的建设，如今的古村落的四周和村落的中心的现代建筑犹如炮楼般矗立着，最为痛心的是老街上一栋古绣楼，笔者在2007年看到还保存完好，2008年下半年再去时已被“勤劳”的村民翻盖成四层大洋房了！破坏速度惊人。另外，霞山高跷竹马舞作为一个独特的民间舞蹈，有较高的历史和艺术价值，是浙江省级非物质文化遗产保护项目，然而，随着老一辈艺人的相继谢世，舞蹈道具的逐年陈旧，高跷竹马舞已经到了亟待抢救保护的地步。对于这样一个聚落，不管是从“物质文化遗产”，还是从“非物质文化遗产”的角度，我们都有足够的理由对其展开保护与研究。以民俗、民间艺术为表现形式的各类文化活动是我国优秀的传统文化遗产，尤其是经过几百年来世世代代霞山人民流传下来独具特色的“高跷竹马舞”“板龙灯”“花草堂”“香草龙”“跳魁星”等民间艺术活动，进一步对其进行发掘、整理研究，有助于浙西传统文化遗产和非物质文化遗产的保护和利用，有助于文化的交流与传播，有助于文化的再创造，是体现传统文化遗产的文化价值的重要途径。“霞山古民居建筑技艺”作为省级非物质文化遗产保护项目，其对于浙西民居古建的研究传播具有不可替代的作用。本书的研究对浙西历史文化遗产及非物质文化遗产两个层面的保护都具有现实的重要指导意义。

第一章　古埠霞山

一、霞山探源

在风光秀丽的钱江源头，莽莽苍苍的大山深处，有一个叫霞山的地方，古称九都，曾是开化县[1]至浙江淳安、安徽黄山、江西婺源的古道驿站。霞山古村落位于浙皖赣三省交界处的浙江西部、开化县城北部、浙江母亲河——钱塘江源头的马金溪畔；北扼安徽黄山，东控浙江淳安，自古系军事要地。205国道主线复线穿越南北，衢州—淳安公路贯通镇中，建设中的黄山—衢州—南平高速公路穿境而过，并在镇西设有互通口和服务区，区域优势独特。有“钱江源头第一乡”的美誉，2006年撤乡后归属马金镇[2]管理。现唐宋古驿道旁，包

---

〔1〕建县于北宋太平兴国六年，即公元981年，距今1 025年历史。开化春秋属越国，战国属楚，秦属会稽郡太末县。东汉初平三年（192年），分太末置新安县（今衢江区），今开化地域为新安县的一部分。建安二十三年（218年），孙权分新安置定阳县（今常山县），开化属定阳。唐咸亨五年（674年），置常山县，今开化地域属常山。北宋乾德四年（966年），吴越王钱弘俶分常山县西境的开源、崇化、金水、玉田、石门、龙山、云台七乡置开化场，“开化”一名即由开源、崇化二乡各取一字而得。太平兴国六年，应常山县令郑安之请，升开化场为开化县，属衢州。元、明、清三代相沿未变。1985年5月，撤销金华专区分置金华、衢州两省辖市，开化县属衢州市至今。

〔2〕马金历史悠久。1979年从邻乡中村乡双溪口出土的文物考证，远在新石器时代就有人类在这片土地繁衍生息，从事农牧、渔猎、制陶等生产活动。唐穆宗长庆三年（823年）马金始设集市镇，属崇化乡。元代马金称十都，民国称马金镇。1949年后称马金乡，并为马金区公所驻地，1985年复称马金镇。1992年5月，撤区扩镇并乡，原徐塘乡辖区并入马金镇。2005年9月，全县行政区划调整，原霞山乡辖区又并入马金镇，现辖53个行政村，102个自然村，261个村民小组，总人口3.4万，总面积153.3平方公里，为开化县第三大镇。

图1-1 霞山古貌

括霞田村一部分及霞山村全部，共有明、清、民国初年徽派古民居建筑200余幢，总建筑面积达29 000多平方米。古村落民以郑、汪两大姓氏为主。霞山历史源远流长，文化底蕴深厚，生态资源丰富，自然景观优美。三省交界，文化飞地！

马金镇霞山村位于皖、浙、赣三省交界处，总人口2 400余人，西北与风光旖旎的黄山接壤，东北与碧波荡漾的千岛湖相邻，西南接道教圣地“三清山”。2 000年之前，霞山古意昂然，坡屋面、翘角檐、马头墙、砖雕门楼，房舍相连、巷弄交错，风景一色，凡生人进入霞山会因道路不熟，巷弄弯曲、纵横交错而迷失方向，民间素称“古迷宫”。著名的“钱江源头”马金溪绕村而过，在这个区域优势独特古村落中，宋代著名的大理学家朱熹曾在与霞山一山之隔的包山逗留好几载，他的讲学之所——听雨轩（后改名包山书院）就曾是宋时重要书院之一，历史上的“包山之约”[1]就在这里举行，虽是浙西山区，儒学文化却是底蕴深厚，耕读持家的意识深入百姓心中，读书报国的思想由来已久。尤其是明清以后，浙西商业流通的兴盛，商帮经济的确立与影响，山区丰富的农林资源借助于马金溪这条黄金水道，被源源不断地向下游衢州、金华、杭州等城市输送，加之又是古时通往徽州的古驿站[2]，一时商人齐聚，富甲一方，流传至今，竟有风格独特、保存完好的古民居建筑近300幢，成为浙西为数不多的原生态建筑群，并引起了学术界的关注。

上游齐溪水库拦截发电后，水流骤减，滩涂显现，水流涓细，已无他日木排数里、商帆竞发的壮观景象，至今岸沿古道上还有石锁铁链，依稀能看到古埠连接商船的遗迹。在村外马金溪的对岸，有千亩良田，仅仅依靠采伐木材，就足够过着衣食无忧的生活。以前“半米木头是收音机，一米木头是电视机，两米木头是拖拉机”是当时最真实的写照。“计划经济时代，在金华和衢州还没有分开之前的金华行署，开化的经济一直排在第二、第三位。”曾经在开化担任过县长的方秋华老人说。然而，恰恰是这些资源优势，束缚了开化人的思维，“捆住”了开化人的手脚。他们习惯了“养只鸡，买油盐，养头牛，好耕田，养头肥猪过过年”的小农经济。霞山也同样没有跳出开化当年那样的经济模式，从而也成为一个信息闭塞，经济发展落后的山区小集镇。可是，就是当年的落后与封闭，幸运之神却将一个古朴而经典的农耕文化古镇样本保存了下来，促成了笔者能够用文字和图片去诉说她的今生和过往。

---

〔1〕“包山之约”，为东南三贤之会，“鹅湖之会”后的第二年，朱熹和吕祖谦在《诗经》学《春秋》学与史学都有分歧；还有一个焦点就是儒佛之辩，三贤之会的儒释之辩是“鹅湖之会”朱陆论辩回荡的一脉余波，朱熹的《杂学记疑》成为批判陆九渊心学的又一个起点。

〔2〕古时60里为一驿，开化县城到霞山刚好60里左右。

二、商埠由来

“霞山古建筑群”依山傍水，河岸埠头相连，各类建筑顺水流，自上而下依次而建，霞山分上田村和下田村，是钱江源头第一大古村落。[1]据《开化县志》记载，“城北四十五里崇化乡九都(今霞山)包山北麓古为采石场，民以采石为生，多出能工巧匠”。霞山古村的居民以汪、郑两姓为主，汪姓在霞(下)田，郑姓在上田。据槐里堂《汪氏会修宗谱》记载，唐越国公后裔汪嵩公于公元639年(唐太宗贞观年间)迁此建村。屈指一算，至今已有1 300多年的历史。传说汪氏祖宗原是猎户，有一年下雪天，他在打猎中发现霞山有山有水，土地肥沃，他就将槐木制成的猎叉插在雪地上，向天祈祷，若翌年猎叉发芽，就举村迁来。没想到次年猎叉果然发芽，故定居于此，取名霞田。另据霞峰裕昆堂《郑氏宗谱》载，郑姓本周宣王同母弟友，封于郑国，曰桓公，传至幽公为韩所并，子孙以国为姓。宋皇祐四年(1052年)，三国东吴大将开国公衢州太守郑平[2]后裔淮阳令郑慧公，继祖志乔迁丹山(今霞山对面石壁山)，至元丰癸亥(1083年)，律公因洪水毁村而迁居丹山对岸，因见霞蒸丹山、紫气氤氲，故名霞山，迄今有959年的历史。

霞山古建筑群坐拥青山，沿着古时开化至安徽的青石板古道行走，走出两山夹峙的青云岭，顿觉豁然开朗，三面环山、一面依水的霞山古村落尽收眼底。在似一轮大弯月的盆地中，靠山而居的霞山古村被分为上下两部分。境内从石撞岭至祝家渡有5公里的唐宋古驿道。南宋建都临安后，安徽、江西及本地的木材和其他土特产经霞山古埠，沿钱塘江水道通往杭州，故日渐繁华，形成一个以古商埠，古驿道为依托，向四周扇形发射的大村落，清澈的马金溪在霞山这一段

〔1〕钱塘江源头此段为马金溪。

〔2〕郑平，字元先，号自强，生于东汉建安十二年(207年)，卒于晋元康九年(229年)，原籍河南郑州。蜀汉章武元年(221年)随父郑庠渡江，居丹阳之秣陵。吴黄龙元年(229年)，拜赞护将军、南郡都尉使。后持节平南，加平南大将军、光禄大夫。嘉禾五年(236年)，郑平以征虏大将军、亭长侯奉敕镇守峥嵘(即今衢州)。郑平为衢州历史上有文献记载的首任政府官员，因称“开衢首宦”。吴兴元年(264年)，吴国孙皓即位，赐封金紫光禄大夫、新昌郡开国公。郑平遂率眷属定居衢州。

宽约150米左右，是条平缓宽阔的黄金水道。要不是上游的齐溪水库截流所致，滔滔的江水仍然能够让人回想起当年那艄公齐吆、山歌回荡、千乘木筏的盛况。

在沿霞山老街的马金溪有十多个古埠，八枫大道入口处是八枫埠，一座由8根4米长的圆木并排组成的木桥伸向120多米的对岸。像这样的木桥在丹山脚至村口这段不足1 000米的水道曾有四座，现存有两座。木桥是年毁年修，而古埠上硕大的鱼状避水石与一旁杂乱的石栓则一同默默注视着千余年的岁月变迁。避水石的来历有两个说法：一说是鼋鸣鳖应，《后汉书 · 张衡传》："……乃鼋鸣而鳖应也，故能同心戮力。"另一说为鼍，即扬子鳄，俗名猪婆龙，为泗洲菩萨坐骑，按说鼍背上应有泗洲菩萨像，可惜已毁。整座石雕就着天然石块，简单雕刻而成，浑圆而富有生气，构图为简约的几何图形，刻画出鼍首和抽象夸张的身躯，形态沉稳，体量丰满，突出鼍首姿态。

三、旖旎风光

霞山文化古村与相隔1.5公里的马金镇等构成了同一景观带，自古人杰地灵，风景秀丽，古镇文化底蕴丰厚。历史上马金曾是"文化北门之佳丽，诗书衍开化之源流，诗礼传家，斯为风范"的文明古镇，自然景观和人文景观相交容。境内有包山环古、七里晴岚、天童舒啸、双溪古渡、石壁青云、石柱龟石等自然景点奇观。有宋代建成的西阳山佛教寺院、天童山道教道观、有儒家书院——"听雨轩"即包山书院[1]（图1–2），宋代教育家、理学家朱熹、吕祖谦、张拭、陆九渊等名人曾来此讲学和研讨学说，留下不少遗迹和许多脍炙人口的故事、诗句和碑文；境内有清代建成的崇化书院[2]（图1–3，为现开化中学前身），有保存较为完好的明清徽派建筑的马金老街，高韩张氏宗祠，黄陵古墓葬群等一批省、县级文保单位，人文资源丰富，历史积淀深厚。

---

〔1〕南宋淳熙年间（1174—1189年）开化人汪观国建听雨轩义塾，后来朱熹与吕祖谦的三衢之会就在此进行。绍定年间（1228—1233年）改为包山书院。

〔2〕笔者在霞山考察时在一涵洞内还发现了一块崇化书院的石碑。

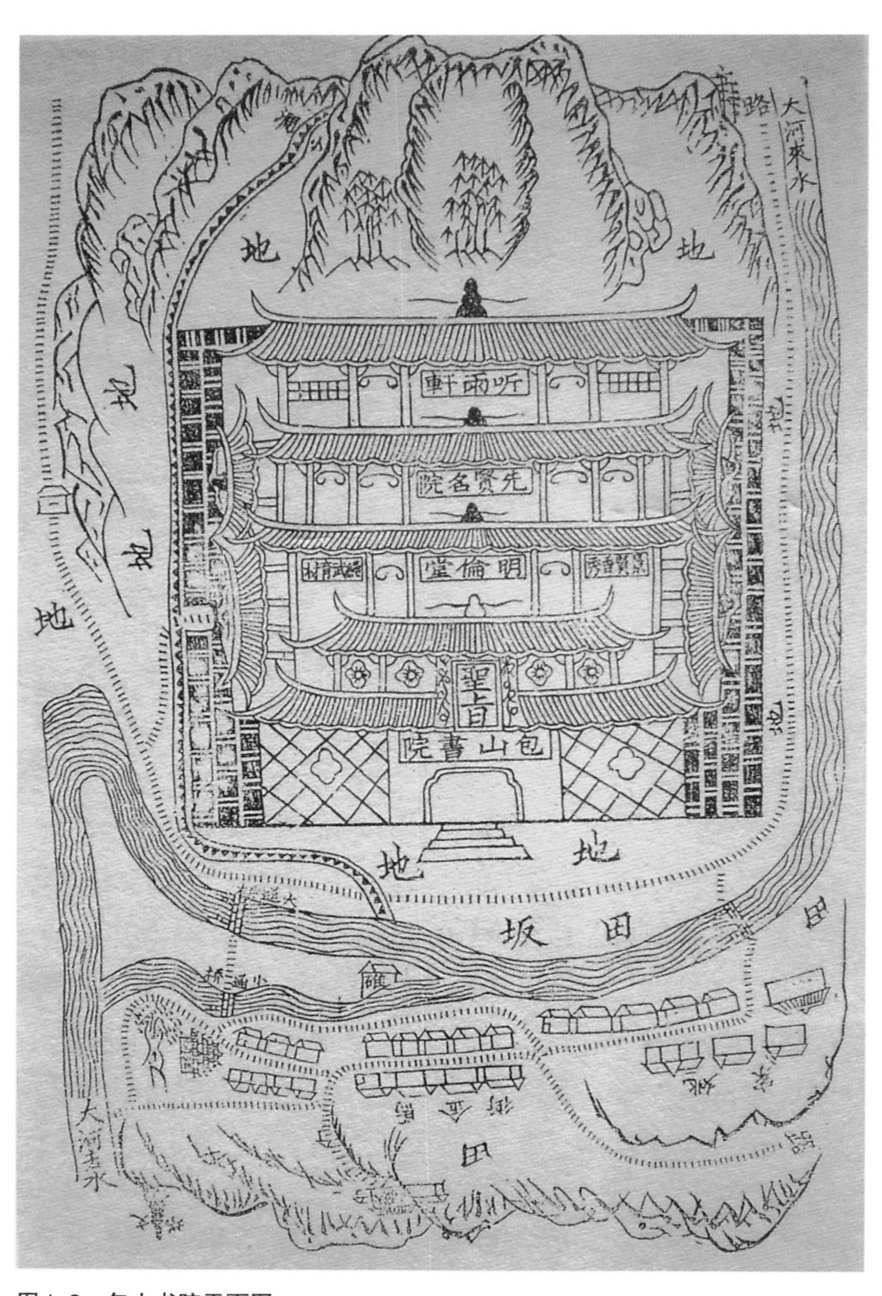

图 1-2　包山书院平面图

图 1–3　清代崇化书院碑铭，由于此碑在涵洞内，故“崇”字未能拍全

境内自然资源丰富，有霞山、霞田、石柱、石川四大景点，自然景观20余处。从石撞岭起，步入青山庙，越过213级台阶，踏步便可看到汪氏宗祠、爱敬堂、郑松如故居、将军宅、中将宅等。霞山上村口的钟楼是古村最高的建筑之一，楼上悬挂明弘治铭文大钟一口，轻叩大钟，钟声悠扬，是族人通知集会或节日庆典的信号。爬到钟楼最高层往下看，上、下两村一览无遗。钟楼边还有一棵500年树龄古樟相伴。远远望去，景色十分秀丽。

霞山的道路均以青石板、鹅卵石（近些年才建水泥）铺设，主道石板下设排水沟。桥梁有石拱桥和木桥两种。凉亭造在路中间的称“骑马凉亭”，造在畈田中的称“风雨亭”，外亭内庙的称“庙亭”。民间云：“铺路、建桥、造凉亭，行善积德做好事。”铺路、建桥、造凉亭多采取集资形式，也有善男信女独造的。落成时均要勒石纪事，录有资助者的姓氏、金额、投料、投工等，为路碑、桥碑、

图1-4　石撞岭古官道

图 1-5　霞山古八景之一“翠嶂列屏”和“碧潭钓月”所在地

图 1-6　石柱龟岩——《霞峰会修汪氏宗谱》载石柱八景之一

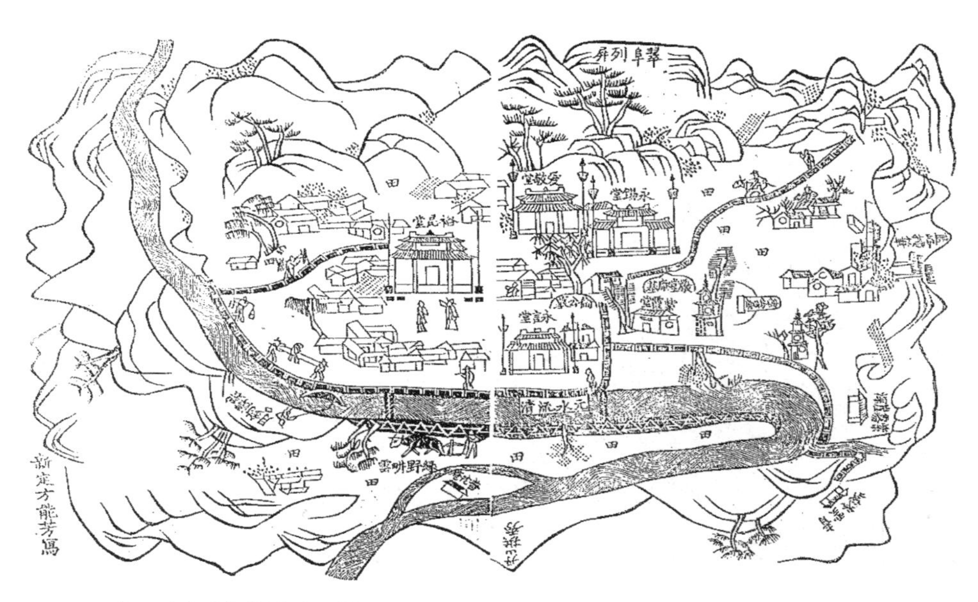

图1-7 《郑氏宗谱》载霞峰八景图

图1-8 古八景之一“蓝峰插笔”的现实景观

亭碑。碑首镌“流芳百世”“名存千古”等。

踝躞于幽幽的老街古巷中，漫步在宁静的唐代古栈道，遥望着那古民居升起的缕缕炊烟，聆听古钟楼的钟声伴着学子们的读书声，霞山古迷宫像遥远的灯盏，闪烁着历史的慧光。我们查阅了《霞峰会修汪氏宗谱》和《郑氏宗谱》，从历史记载的角度反映霞山自然与人文景观的丰富文化内涵，对于当下开发与利用这些文化景观，具有积极的指导意义。

独特的地域环境，丰富的自然资源和深远的历史积淀，使古镇马金文化具有鲜明的地方特色，作为古镇文化的核心区之一，霞山凭借其丰富的自然景观、历史传承、人文资源、古民居文化成为古镇马金文化圈的重要组成部分。

图1-9　霞山村口的古钟楼

第二章　人文霞山

第一节　人文典故

一、孝义贤能

霞山村民崇尚教育，人才辈出，并出过多个文武举人，现代人物也有将军、教授、名医，等等。据记载，霞山“百万巨产者众，俱出资助学”，由是“进士、举人年可几人，禀生、秀才不计其数”。至今，村里还保存着六对桅杆墩，是古人为表彰学子八股登科的标记。霞山人走的是一条由商而儒、学而优则仕的道路。这些都给后人留下了许多珍贵的历史文化遗产。

图2-1　《郑氏宗谱》载淮阳令郑慧公像

郑慧公[1]（图2-1），字德聪，号迎川公，天资颖异，博涉群书，下笔千言立就，登宋天禧乙未榜进士，任淮阳令，随以终养告归，奉父，自郑岸迁丹山，先是，公王大父公叔，武艺超群，因黄巢剽掠桐、睦，

〔1〕摘自《郑氏宗谱》孝义贤能实录之慧公。

越衢抵歙，公与岩将张自勉率众袭贼，途经丹山，见一水之元，群峰拥翠，遂有卜宅之意。以国步多艰未果，公之乔迁成祖志也。

图2–2　汪氏文和公像

郑律公[1]，字仲阳，号五龙居士，始居丹山，营别墅于上田，五龙庄因以为号，宋元丰癸亥旧址没于洪水，遂就五龙居焉。去庄南里许，山环水绕，中衍平畴，尝有紫气氤氲，经日不散，乃卜宅其地，号曰霞山。名其溪曰元水。以溪流屈曲，形肖之元故也。占山川之秀焕，人文之彩实，为丹山发祥之祖也。

郑平公[2]，字元先，号自强，东安太守司马都尉庠公长子，帝口（告）六十七世孙。吴黄龙元年，功封赞胡将军、光禄大夫、开府仪同三司。嘉禾五年，敕戍峥嵘镇，家于太末。（秦名太末，东汉名新安，隋名三衢，唐名衢州。）

图2–3　唐越国公汪华像

汪文和公[3]（图2–2），江南汪姓始祖汉袭骧将军，才力冠世，谁与之京，先文后武，然有声。

汪华[4]，本名汪世华（图2–3），因避李

〔1〕摘自《郑氏宗谱》孝义贤能实录之律公。

〔2〕载自《郑氏宗谱》孝义贤能实录之平公。

〔3〕载自《霞峰汪氏会修宗谱》。

〔4〕载自《霞峰汪氏会修宗谱》重摹遗像引卷之首。

世民讳而改名汪华，安徽绩溪县汪村（当时属歙州）人。汪华则是历史上浙皖赣地区的反隋英雄。时任歙州（今安徽歙县）地方武装“郡兵”首领的汪华审时度势，策划了一场兵变，推翻了歙州旧政官员，占领了全州。随后又连续攻克宣州（今上饶）等数州，所向披靡，大得民心。不久，汪华经六州之地自号吴王，建立政权，隋末浙皖三省交界六州百姓得以在乱功安居乐业，衢州地区也在其庇佑之下。汪华有感于唐朝的强盛和德政，上表请求归附。衢州地区由此归入唐王朝。

二、金兰传说

明朝三元宰相商辂曾与霞山结下不解之缘。据《霞山郑氏宗谱》载：该村“爱敬堂”中所挂的一副楹联：“爱亲者不敢恶于人，敬亲者不敢慢于人”乃商辂之手笔。

商辂（1414—1486年）字弘载，号素庵，浙江淳安人，是中国古代的科举制度中连中“三元”者之一。历任兵部尚书、户部尚书兼文渊阁大学士、吏部尚书、太子少保、谨身殿大学士。为人刚正不阿，宽厚有容，时人称“我朝贤佐，商公第一”。据当地老人们相传，有一年，当朝皇帝听说商辂淳安老家住房破旧，拨重金让他回乡建造商府。消息传开后方圆百里的能工巧匠便纷纷来献艺。霞山张家坞村有个闻名乡里的石匠张卯生，闻讯也前去献艺。他手艺超群、为人诚恳，博得商辂的青睐。想不到商辂与他生辰八字相同，商辂便礼贤下士，与他认同年。张石匠虽手艺精湛却生活贫寒，想不出什么可以拿来招待客人的，便让妻子把不久前从青云岭上采下刚炒好的新茶沏上一壶招待商辂。商辂注视杯里，轻雾缥缈、澄清玉碧，芽叶朵朵，煞是赏心悦目；呷了两口，只觉味醇清香、爽口宜人，滋味隽永、沁入心脾，大呼：“好茶、好茶，品不在‘天池云雾’下。”连问：“是何名茶？”天池云雾产自商辂故乡，《五杂俎》载：“今茶品之上者，松萝也、虎丘也、罗芥也、龙井也、阳羡也、天池也。”由此可知评价之高。张石匠见问，心生惭愧：摘自高山、妻子炒制，算哪门子名茶？听客人说什么云雾，随口回答:“是高山云雾茶。”第二天一早,商辂告别张卯生回归故里,但“云雾茶”三字却就此铭刻在心头。时隔不久,张卯生就接到商辂来信:“因功‘赐第南薰里’(《明史》载),为兴建府第,特邀张石匠打造石础。”张鼓石听说后,心中非常高兴,知商辂喜好“高山云雾”,除带好工具外,特别嘱咐妻子专门为其采制新茶数斤,带往淳安。

霞山有个大财主郑旦(杜乔),“早失怙,出入概不问,孝事叔祖孀母,外唯读书交接名士”,听说了这段佳话,非常仰慕商辂,于是请张石匠代为相邀。正统十年(1445年),为迎商辂的到来,郑旦破土建造的一幢“百梁厅”取名“永敬堂”,竣工之日,永敬堂内,张灯结彩,红烛高烧,大摆宴席,邀请大学士商辂与张石匠赴会。三人虽属同年、同月、同日所生,但按时辰排定,张卯生为长,郑旦次之,商辂最小。然,旦却拥商辂坐首席,而让张坐于末位。商辂再三推让不掉,怕有拂主人之兴,只得权且落座。宴中对饮畅谈。言谈中,郑明显表露出尊商薄张之意。张心中已然不悦,但为不影响三人之间的友谊,只装作不知道,低头饮酒。这一切商辂悄悄看在眼里。

宴会后,旦公知商辂爱茶,端上当时极为名贵的“西湖龙井”和“峨嵋珠茶”,商辂不动声色的慢慢品过后,拿出张石匠送给他的“高山云雾”请旦公品尝。旦公巨富,喝的都是上等名茶,并不知当地自制土茶的滋味;一品之下,只觉香气清幽、滋味醇爽;细细品味,淡淡的苦涩与甘醇交融在一起,心底涌出一股清香,绕齿不绝……也大呼“好茶”,随口吟道:“一饮涤昏寐,情思朗爽满天地;再饮清我神,忽如飞雨洒轻尘;三饮便得道,何须苦心破烦恼。”商辂见状一笑,接过话题说:“人生交友,犹如品茶,高山云雾,虽无龙井之贵,亦不及珠茶之富,然,吸天地之灵气,饮岩泉之浆乳,质淳而德厚,此乃其他名茶之不及也。”商辂喝了口茶接着说:“茶分三种,各有千秋,何不以长补短,相得益彰呢”!话音一落,郑旦就感心中不安。俗话说:听鼓听声,听话听音,他是个精明人,知道商辂的言外之意。越思越想,越为刚才自己重名轻友的举止感到羞愧。于是急忙走到石匠张卯生的面前深深一躬，并亲扶他与商辂相并而坐。面对此情此景，商辂禁不住大声赞好。并命人备下文房四宝，当即泼墨挥毫写下一副楹联，“爱亲者不敢恶于人，敬亲者不敢慢于人”。旦公品其意味，为牢记这次教训，遂取对联“爱敬”二字，改“永敬堂”为“爱敬堂”。现今正堂所挂“爱敬堂”匾为商辂公手书。

商辂目睹郑旦适才所为，深知他也是一个心存仁厚，知错能改的忠信之士，于是举起茶杯风趣地说：此茶喝到此时，已喝出味道来了，我提议，以茶代酒，义结金兰如何？卯生、郑旦异口同声说“好”。当即三人点烛焚香，结为异姓兄弟。这段佳话，一直流传于淳安、开化两地。据史料记载：自此商辂对霞山的感情更加深厚，经常往返两地探亲访友，相传爱敬堂正厅就是因商辂的关系而仿金銮殿建制加了三级台阶，死后还在古驿道旁留下一座衣冠冢。

三、书舍流芳

霞山书舍创建于北宋至和年间，《霞山郑氏宗谱》载：“天麟公字瑞夫，号清溪，纵情丘壑，诗酒自娱。以恩例授国子助教竟不就官，营别墅于石柱冈，颜曰石柱庵，与弟子辈游学讲道。去庵数武有亭，翼然悬额于中，名曰环翠，字如斗大，笔势凌厉陡峭，宋欧阳文忠公真迹也……”淳熙二年理学大师朱熹来包山书院讲学，石柱庵作为包山书院分舍而改名霞山书舍。明正德进士、广东副使、开邑名士徐文溥访霞山书舍时曾题诗一首：“素访名山入紫霞，重来殊胜旧繁华。遍效膏沃余千亩，比屋诗书富五车。十里幽荫彭泽柳，一川香气武陵花。群山互拥翔鸾凤，广产英贤佐帝家。”诗中所说的是，霞山人杰地灵，名士辈出，据资料显示，自唐以来七品以上官员达三百多人，国学生则不计其数。

南宋建都临安时，孔府大宗也随之南迁衢州，这一事件导致许多儒学大家云游在浙、皖、赣这片并不广阔的土地上。淳熙二年，史称“东南三贤”的朱熹、吕祖谦[1]、张拭[2]以及“三陆子之学”的代表人物陆九渊[3]等一干理学大师云集在开化马金、霞山一带的包山书院，朱熹曾途经吕祖谦讲学之地包山，为学馆题名“听雨轩”[4]。淳熙二年，吕祖谦为调和朱熹与“三陆子之学”的代表人物陆九渊关于哲学思想的争执，邀集“鹅湖之会”[5]。

据史料记载，朱熹给吕祖谦写过一封信，就相会的地点等相关事宜说：“但须得一深僻去处，跧伏两三日乃佳。自金华不入衢，径往常山，道间尤妙（文集卷三十三〈答吕伯恭〉书四十五）。最后，他们商议定在开化的包山书院。至此，在鹅湖之会的第二年三月，朱熹往婺源祭归先祖墓后，过常山径往开化。28日，朱熹、陆九渊、吕祖谦、蔡元定以及从岳麓山远道赶来的南轩张拭一同来到听雨轩。庆元年间，曾就学于朱吕门墙的汪观国子汪湜、汪泓分别荣登国学进

---

〔1〕吕祖谦，字伯恭（1137—1181年），南宋哲学家、文学家。学者称其为“东莱先生”，浙江婺州（今金华）人氏，金华学派主要代表。宋孝宗兴隆（1163—1164年）进士，曾任著作郎兼国史院编修官。参与重修《徽宗实录》，编撰《皇朝文鉴》。主张道心合一，通天下无非己，认识方法取朱熹以“穷理”为本的“格物致知”说。教育上提倡“讲实理、育实材而求实用”。主张“明理躬行”，治经史以致用，反对空谈阴阳生命之说，开浙东学派新河。著作有《东莱集》《东莱博议》等。

〔2〕张拭（1133—1180年），字敬夫，又字乐斋，号南轩，南宋汉州绵竹（今四川）人。为南宋“中兴”贤相张浚之长子。以父荫补右承郎，先后任严州（今属浙江）、袁州（今属江西）、靖江（今属广西）、江陵（今属湖北）诸州知府。为湖湘学派主要传人，学术上虽承二程（程颢、程颐），但有别于程朱而又异于陆学。著有《南地易说》《南轩先生孟子说》《南轩先生论语解》《南轩先生文集》等。

〔3〕陆九渊（1139—1193年）号象山，字子静，书斋名“存”，世人称存斋先生，因其曾在贵溪龙虎山建茅舍聚徒讲学，因其山形如象，自号象山翁，世称象山先生、陆象山。在“金溪三陆”中最负盛名，是著名的理学家和教育家，与当时著名的理学家朱熹齐名，史称“朱陆”。是宋明两代主观唯心主义——“心学”的开山祖。明代王阳明发展其学说，成为中国哲学史上著名的“陆王心学”，对近代中国理学产生深远影响。被后人称为“陆子”。

〔4〕“试问池塘春草梦，何如风雨对床诗？三薰三沐事斯语，难弟难兄此一时。”这是朱熹写的《听雨轩诗》，《衢州府志》卷十四《艺文志》载。

〔5〕据《东莱年谱》记载：“淳熙二年乙未，四月二十一日如武夷，访朱编修元晦，潘叔昌从，留月余。同观关洛书，辑《近思录》。朱编修送公至信州鹅湖，陆子寿、陆子静、刘子澄及江浙诸友皆来会。”这就是后来人们所称的“鹅湖之会”。这是场哲学史上的辩论，主持人是吕祖谦。

士和武举进士，并请于朝，立教官以塾为书院，宋宁宗御赐“包山书院”匾额，绍定六年（1233年）前后，汪湜、汪泓相继退仕归乡，重振学馆，并立朱熹、吕祖谦祠位，早晚奉祀。景炎元年（1276年）汪泓之孙汪继荣以进士任职朝中，经奏请，宋端宗赵昰亲赐“包山书院”字额，至此，书院正式定名，书院名闻遐迩，规模宏制而完备。元至元年间包山书院与杭州西湖、东阳八华、婺州正学并称浙江四大书院，清康熙年间与广信鹅湖书院、南康鹿洞书院、吾遂瀛山书院合称江南四大书院。自宋至清竟有六位皇帝亲赐匾额；而则培养出了如郑瓒、郑应煦、汪弥远、汪廉、胡然等一大批饱学鸿儒；至明万历年间，霞山书舍更名紫霞庵，成为浙西女学[1]的摇篮。

朱熹的关注使得程朱理学长久以来一直在当地得到弘扬，古时霞山“举人进士年可几人，贡生秀才不计其数”。如今，村落中仍散落着许多桅杆墩，这是当年有功名之士才可立杆。除此，在建筑装饰木雕作品上则是数量众多的文房四宝图案和祠堂匾额对联等，不计其数。

朱熹多次来包山讲学，课授子弟，仅霞山游学于朱、吕门下者达30余人。除了他钟情于“齐家治国”的教育事业、钟情于山明水秀的包山之外，还有一个更大的原因：淳熙二年（1175年）十月朱熹夫人胡氏病逝，葬于马金包山听雨轩后，故有“包山何幸伴傲竹，留得朱子三两载”的诗句。现存国学进士汪杞撰写的墓铭：“夫人胡姓，派衍安定，望出洛阳，父讳瑗，仕苏湖二州教授，因随任焉……何天夺运，先公而殁，寿三十有二。生于建炎七年九月初九戌时，终于淳熙二年九月二十日亥时，葬马金包山听雨轩后……”这年朱熹四十五岁。据开化县志办吴德良先生撰文认为：胡瑗为北宋初学者、教育家，生于993年，卒于1059年，学者称安定先生，“以仁义礼乐为学，开北宋理学之先河。”胡氏夫人生的那一年，胡瑗已去世八十三年，由此可

〔1〕女学，旧时指以妇德、妇言、妇功、妇容四项内容教育妇女。

知朱熹胡氏夫人为胡瑗之女的说法实属附会。正史所载的朱熹夫人为刘清四，淳熙三年十一月去世，享年四十七岁，而胡氏夫人则没有资料可查。戏剧家高汉先生曾根据史料及民间传说创作《千古情留听雨轩》的剧本，柔情万千，催人泪下。有意思的是，高汉先生当年并不知夫人姓胡，仅以当地老农有关狐狸精情迷书生的说法而扩展假借。清华胡氏自北宋胡瑗起有二十多位理学家，而胡安国父子四人更被敬为理学大师。《清华胡氏宗谱》记载："霸公，宋为卢州长史，因家合肥县，改秩信安郡，即今衢州府是也。次子达分监开化场……然公，达长子，为九都霞山始祖，淳熙间为霞山书舍山长，从朱子游，生三子，曰礼、曰伦、曰谦，皆入仕……" 可见朱熹与霞山胡氏的渊源是极深的。从上述资料中可以推测，胡氏夫人出自霞山石柱胡家，作为提倡"礼义孝廉，三纲五常"的朱熹的小妾，自然不可记上正史，而附会到理学先驱胡瑗身上也当属情理之中。在结庐守墓（《悼夫人》[1]的石碑为证）的九个月里，朱熹竟有半数时间在石柱徘徊，此后，每到开阳，必往包山、石柱行走一番，并留下了大量的文字。

图2-4　包山书院悼夫人碑

〔1〕朱熹《悼夫人》："……篱菊飘香。触景思慕兮，倍感悲伤。时瞻目观兮，无限凄凉。伤今悼古兮，泪雨沦浪。夫人柩埋兮，院之后墙。洁诚至祭兮，奠以俎觞。洋洋如在兮，来格未尝。灵慈不昧兮，鉴此衷肠。尚飨。"

笔者在考察期间曾录开化塘坞《余庆堂张氏家谱》朱熹的四首诗，如下：

棠谷春红

闲游谷口盼春浓，

花落棠梢相映红。

耐老千株元气满，

含香万朵化机通。

休将艳丽称妃子，

且向清阴忆召公。

漫道山居无美趣，

故家人物太和中。

（木良）坂耕耘

百年平畴事及春，

一蓑烟雨葛天明。

扶犁亟去云生足，

牵犊归来月伴身。

时雨滋苗欣发秀，

秋风报穑喜尝新。

莫言莘野徒耕乐，

当日三征亦此人。

文笔书云

挺峙危峰百仞高，

遥瞻绝顶锐如毫。

天晴霞散疑笺翰，

月朗星稀试笔刀。
谷际风云龙变化，
文成烟雾豹藏韬。
凌空杳与真元合，
济美终当起风毛。

前降凌霄

前降横遮半壁天，
中峰直上五云边。
金乌乍起迎阳近，
玉兔才升见月光。
烟雾连朝迷绝岛，
星辰永夜抖危巅。
几回翘首西南望，
侧景依稀映北川。

四、忠魂烈女

曾几何时，霞山经历了历代战火的洗礼，成为兵家相争的地方，唐末黄巢起义军曾在这里安营扎寨，留下“黄巢台”的遗迹；宋代方腊起义军曾往这里经过，摩尼教徒余五婆在这里起义；太平天国时期，太平军曾在这一代活动；第二次国内革命战争期间，霞山隶属休宁县委第二中心区，本地人张春娜领导的游击队在这里开展武装斗争；抗日战争时期，新四军整编北上也在这里歇息过，青山岭的青云庙墙上至今还留有当年北上抗日先遣队写的“抗日救国”的标语。解放初，区公所曾设于此，高广来等八位军管干部被反革命武装袭击而牺牲，他们的热血曾染红了霞山这片古老的土地。现在霞山烈士墓和石柱烈士墓中，长眠着12位革命烈士。

1. 张春娜（1908—1948年）

开化县霞山乡石川村人。1934年春从江西苏区回乡组建农民游击队，任游击队队长。1935年春，汇集失散红军刘智先部，壮大游击队武装，同期加入中国共产党。1936年5月，中共休宁县委成立，任军事部长。同年7月8日，率休宁县游击队配合红军独立团攻克开化县城。年底，由于国民党军“清剿”，所率游击队被打散，后隐姓埋名流落休宁，1948年病逝。

2. 烈士墓

位于霞山乡政府院子后，由四座小墓呈一字形排列，用青石板、石条、鹅卵石砌筑。总阔5.65米，高3.30米。墓中分别安葬着1949—1951年间为革命光荣牺牲的10位烈士。

图2-5 烈士碑

五、商贾巨子

1. 汪凤祥

汪凤祥，生卒不详，霞田著名木材商，富甲一方，是民国时期杭州码头的大商户，由于与同村郑凤武在争杭州码头生意，历史上有过“双凤闹杭城”的记载。

2. 郑松如

郑松如，是名震一时的大木材商，启瑞堂主人。1916年，郑松如只身南下经营木材生意，四年后回乡，在启瑞堂原址上添置正厅和落轿厅。1925年杭州浙东大木行开业，财源广进；到1937年，郑松如已拥有13家木材行，自霞山至杭州沿途皆设有别墅，遂购地8亩建花厅、书斋，辟地筑后花园、别院及花台水榭。1948年购置建材，在郑宅到爱敬堂间愈200米的弄巷里建回廊。次年，郑松如着手修编《霞峰郑氏会修宗谱》。

3. 郑酉山

郑酉山，以经营土特产为主，凭着勤俭和机智，积下百万家财，置下良田千顷、房舍百间，1947年还当上了国民党浙江省参议。

第二节　风情民俗

一、非物质文化遗产项目

1. 高跷竹马舞

高跷竹马，即在脚上绑上一米多高的木制踩脚，身上套着五色竹马，身穿戏曲行头，头戴戏曲帽子，在各种喜庆节日自发表演的一种民间舞蹈。在衢州地区乃至整个浙江，许多地方都有竹马舞，但将高跷竹马连在一起的只有马金霞山村。“高跷竹马”是霞山特有的民间文艺节目。农历正月廿二是霞山灯日，也是钱江源最后一个灯日。这一天是霞山最热闹的一天，亲朋好友从四面八方汇集来观看踩高跷跳竹马。

霞山高跷竹马舞原创时非常简单，一般设8个文官武将和1个带头小兵，没有复杂的舞步。明代成化年间，淳安人商辂和霞山首富郑旦义结金兰，并与霞山结下了一段渊源。在他的带动下，高跷竹马加上了高跷劈叉、翻筋斗、交叉舞步、鲤鱼翻花等较为复杂的动作，人物也从9人增加到16人，使霞山高跷竹马的艺术品位得到很大的提高。1949年后，开化县文化部门对霞山高跷竹马舞极为关注，指派专门人员对霞山高跷竹马舞进行收集整理，并组织专业人员对其进行艺术加工。霞山高跷竹马舞参加了多次市、县级民间艺术活动，并多次获奖。

霞山村的高跷竹马舞历史极为悠久。相传，霞山村远祖郑元寿于唐武德四年(621年)迁居开化，不久即出使戎狄，演绎了一段苏武牧羊式的故事。为纪念郑元寿以及李治、秦叔宝、程咬金、尉迟恭、薛仁贵、罗成等八位唐代开国元勋，霞山郑氏后裔将流行于安徽一带的高跷和流行于浙西的竹马结合，并配

图2-6 高跷竹马表演

上戏曲文官武将的行头，于元宵、春分、冬至等节日走街串巷、翩翩起舞。当年商辂看到霞山的百姓为纪念北方的祖先而进行的踩高跷活动，尽管场面壮观，但形式单一，艺术性不强，于是他就联想到淳安老家的竹马舞很优美，觉得把踩高跷和竹马舞结合起来一定很有气势，自此，把南北民间文化艺术交融在一起，创造了颇具特色的“高跷竹马”。

据《莲花尖——钱江源头民间文艺专刊》[1]一书中“霞山高跷竹马”载，一年农历正月廿二，霞山道上上，旌旗导前，骑卒拥后。商辂驾临霞山，旦公组织雄壮的板龙队伍迎接贵宾。商辂看了仪仗阵容对旦公说：“龙为天子，马为臣子，缘何有龙无马？”旦公深感愧疚，无言以应。

第二次，商辂又驾临霞山，一看板龙在前跳竹马在后，锣鼓喧天，唢呐高奏，热闹非常！然而，商辂却付之一笑说：“跳竹马乃草民之娱乐，非君臣之庞乐也。”旦公不悦，却又无言以应。

接风宴上，商辂问：“开化霞山何时有郑姓？”

旦公回答：“唐武德四年，颍州刺史郑元寿公自歙县迁开始有郑。我霞山

---

〔1〕见开化县文化局、开化民间文艺协会编，《莲花尖——钱江源头民间文艺专刊》，“霞山高跷竹马”，2004年，第34—35页。

始祖宋进士慧公元寿之后裔。”商铬学识渊博，通晓古今，一听“唐武德四年”，便滔滔不绝地侃起唐开国元勋的一个个故事。

旦公一边聆听，一边沉思，忘了劝酒。商铬看出旦公的心思，便说：“你还想着竹马的事，我们是同庚兄弟，恕我出言不恭！”

旦公说：“你一语启发，使我茅塞顿开！”

商铬问：“你想什么？”

旦公说：“竹马装上高跷神马，踩舞者饰李世民、李治、徐茂公、秦叔宝、尉迟恭、程咬金、薛仁贵、罗成等人的面谱，以纪念唐开国元勋，尊意如何？”

商铬一听哈哈大笑道：“我们同庚又同心，想到一块了，妙哉！”

高跷竹马的表演，先见锣鼓喧天，鞭炮齐鸣，一人手擎“唐”字大旗从祠堂出来，后面鱼贯而出的是村民扮演的唐朝开国元勋们，他们骑着“马”在祠堂门前表演后，就从八块唐石处出发，穿行在村里的古街巷，边走边舞，把整个村庄的节庆活动推向高潮。陈峻先生在《乡土中国衢州》中写道：假若你是从北面进村，在村口的路旁会见到一排“唐石”，一共八块，石头是山溪中那种特大的难得一见的鹅卵石，据说大的重达一千六百多斤，在路边一字排开。传说唐代李世民、李治、秦叔宝、程咬金、尉迟恭、薛仁贵、罗成、徐茂公等八位将帅来到霞山村，曾在此歇息，就坐在这一排石块上，中间那块最大的黄色石块是李世民坐过的，那块白色的是白袍将军薛仁贵坐过的。此传说与真实的历史也许大相径庭，但这八块大石头伴随着这则传说，在这村口默默地经历了一代又一代，这是历史的事实……这一排“唐石”也为霞山抹上一笔古典的传奇色彩。[1]

（1）高跷竹马传人郑利岳。

2007年，在全省农民“种文化”活动中，霞山村也积极行动起来，在高跷竹

[1] 陈峻：《乡土中国·衢州》，生活·读书·新知三联书店，2004年，第133页。

马世家郑利岳[1]的带领下，广收学徒，力争将这独特的民间舞蹈发扬光大。从5月份起已有15名新的学徒参与到这个项目中来，且大部分都为在校的初高中生，现已都走得有模有样。同时，县级有关部门也对这项活动给予了大力的支持，拨出专项资金用于改善道具，提高表演水平，相信在全省对民间文化艺术越来越重视的今天，霞山的高跷竹马舞会迎来又一个春天。

霞山高跷竹马源于跳竹马，高于跳竹马，配有8匹神马，以慢步、小步冲跑、旋转等舞步进行，动作难度较大。20世纪80年代后，农村分田单干，农民忙于农活，霞山高跷竹马几乎失传。1990年，看到各地民俗旅游搞得如火如荼，郑利岳想起恢复遗忘已久的霞山高跷竹马，既保护了民俗文化，又对旅游事业有利，还可以在农闲时增加点收入。然而，村里会踩高跷的人都到了七八十岁，最年轻的也有六十多了，根本不可能上得了高跷；而且工具多年没有收拾，不是遗失了就是腐烂损坏了，恢复霞山高跷竹马谈何容易。郑利岳可不这么想，他召集了一帮平日里一起玩的伙伴，自己动手扎竹马、糊纸工、削高跷、打铁掌，凭着儿时的记忆和近八十四岁高龄老父亲的指点，跌打滚爬、边学边练，还让自己年仅六岁的儿子加入到队伍中来。折腾了两个月，居然搞起了一支像模像样队伍，当年便参加县元宵活动并获得好评。此后，年年市、县大型群众活动的舞台上，都有郑利岳高跷竹马队的身影，1995年开婺休三边艺术节上，更是在众多群艺团体中脱颖而出，成为最受欢迎的节目。

2000年霞山开发古村落旅游项目，为配合政府搞旅游，在县文化部门的支持下，郑利岳开始了对高跷竹马的改良。首先，他对原来打扎简单的竹马进行形象修整，使马的形象更为逼真，把原来的纸套改为布套，加上电瓶使之发亮，将45公分高的高跷加长到120公分。然后请来文化部门的舞蹈老师另行编排

---

〔1〕郑利岳，男，浙江省开化县马金镇霞山一村人，霞山高跷竹马传人。其父郑锦礼，是霞山唯一健在的高跷竹马艺人。儿子郑贞顺，是全村会踩高跷的人中最年轻的一个。郑利岳很小就在父亲的指导下学踩高跷，每逢节日农闲便跟着大人们走村串巷参加演出。

舞步。改良后的高跷竹马舞天黑下雨都可以表演，夜晚时竹马的灯光更增添了气氛，复杂优美的舞步让人耳目一新。

2000年“五一”旅游黄金周中，霞山古村落接待中外游客2万多人次，人们在赞美霞山三雕的同时，也对高跷竹马舞赞叹不已！2002年霞山高跷竹马队获元宵活动一等奖，2005年获衢州市孔子文化节活动二等奖。

郑利岳除了热心于高跷竹马演出，还是文物保护的带头人。自2000年以来，他一直无偿保护霞山古民居，为专家领导和游客解说带路，还与父亲轮流住在省文物保护单位“启瑞堂”中，守护着这些珍贵的文化遗产。如今，郑利岳已经带出了四十多名徒弟，他说：“以前高跷竹马差点失传，除了不重视，还因为祖训只带6名徒弟，仅够接替。现在政府重视了，更不能让祖上留下的文化遗产在我们手上败掉。”

（2）高跷竹马歌[1]。

争睹高跷竹马

咚咚锵，踩咚踩，
前面来了高跷队，
霞山高跷不一般，
上过中央电视台。
元宵佳节到霞山，
今朝有幸睹风采，
人山人海争相看，
只盼队伍快过来。

咚咚锵，踩咚踩，

〔1〕转引自徐鲍培：《钱江晚报》，2007年5月11日。

高跷队伍走过来，
眼前突然一闪亮，
高跷竹马真精彩。
脚踩高跷走花步，
身套竹马显神威，
古装戏文蛮精彩，
文官武将巧装扮，
八个小卒把路开，
八员大将上场来。

不知演的什么戏？
年轻小哥不明白。
有位大伯一旁乐，
身板硬朗蛮健谈，
他说道——
霞山高跷历史久，
是从唐朝传下来，
霞山村——
都是唐代郑氏后，
郑元王寿是先辈，
这八员大将齐上阵，
他们是——
建立唐朝开国帅。
有秦琼、程咬金，
那边罗成、尉迟恭，

后头一位薛仁贵。

听得小哥直点头，
老伯伯——
滔滔不绝讲起来：
唐朝时——
光有高跷无竹马，
动作也是蛮简单，
直到明代成化年，
才有这——
高跷竹马配起来，
霞山高跷名声响，
江西竹马形象崭，
两门艺术联一起，
高跷竹马舞起来。

老伯知识真丰富，
说古论今是全才。
老伯听罢哈哈笑，
这些娃——
是我一手教出来。
原来是——
高跷教练郑锦礼，
难怪如此不简单。
他的儿子郑利岳，

高跷队里是领班，
子从父业学高跷，
勤学苦练到现在。
带着队伍常出外，
精彩表演博众彩，
名声渐渐响起来，
一传十，十传百，
传到中央电视台，
《搜寻天下》栏目组，
专门为他做节目，
乐得老郑心花开，
队员个个受鼓舞，
更加起劲练起来，
我们要——
让霞山走向全中国，
让高跷竹马红起来，
高跷竹马行中华，
将来出国去海外。

2. 跳魁星

跳魁星是霞山的传统民间舞蹈剧目，由财神、天官、文曲星三大吉星组成。背景音乐由花草堂完成，前台由三星轮流出场，以舞蹈方式呈现给观众，一般迈着八字方步加十字跳跃，“天官”是为表现古老的霞山人向掌管仕途的天官企求，希望仕途成功；“财神”则是表现霞山人向掌管财富之神祷告的一种仪式，希望在外做生意的商人能够财源广进，获取成功；“文曲星”则是为了表现霞山人向掌管功名的魁星祈福，希望读书人能够经过寒窗苦读，金榜题名、光宗耀祖。每年的正月廿二和霞山的高跷竹马等，一道成为一道亮丽的风景。

图2-7　三星高照

3. 霞山稻草龙

开化县素有舞香草龙的习俗，其中在苏庄镇富户村、杨林镇下庄村、林山乡菖蒲村、东坞村、华埠镇郑家村、村头镇一村、二村、大溪边乡阳坑村、阳坑口村、墩上村、大桥头村、阳光村以及霞山村都有舞香草龙的传统。

稻作文化是人类与自然界搏斗而获取生存权利的过程中所产生的文化活动，特别是在我国南方的水稻生产地域。中华草龙形象的起源演变是多元性的，南方稻作农业文化—中原粟作农业文化—北方游牧渔猎文化的多样性，共同形成中华草龙形象的起源。浙江的龙文化从龙的形态看，综合了河姆渡、良渚文化中的鹰形原龙形象和长江边的中南大溪、屈家岭文化中的猪型原龙与鹿形原龙的综合体，即大多是鹿头、鹿角、蛇身、兽爪。草龙的造型也是这样，但它却充满着稻作文化的特性。

开化的徐增源先生在《开化草龙舞的内涵特性和活动的发展》一文中，专门从三个方面对草龙进行了阐述：从舞草龙的目的看，稻作生产需要充足的雨水，古人总是求助于掌管这风雨的上苍之“龙”，所以不论是旱、是涝，都是靠天上的“苍龙”。中秋的舞草龙正是秋收之后，获得丰收了要感谢苍龙，即使歉收，也得叩请苍龙来恩泽大地，舞草龙就是最好的表述方式。从草龙制作的饰物上看，浑身全部用稻作产物——稻草扎制，富户草龙的鸾驾图像构图的主要材料也是用农耕的作物制作，那些“风调雨顺”“五谷丰登”的吉字也无不与作物生产相关联。从舞龙的习俗看，草龙从村中舞出后，必须到大田中去表演，又称“踏田”，人们都希望“龙”体在自家大田上踏舞，舞得越欢，田踏得越烂，该田就变成吉利田，来年就越能增收，这都看成是龙的赐予。

舞龙完毕，将草龙送入河中，随水漂去，希望来年就游回来，兴法降雨。整个舞草龙的过程是紧紧与稻作生产关联的，相传在唐宋时便是农民庆丰收，迎龙神的民间娱乐活动，元末明初达到鼎盛。据当地村民介绍，元至正年间，朱元璋与陈友谅在江西九江激战，被陈军围困苏庄镇。朱元璋见粮草日少，军心不稳，形势严峻，忙召集众谋取士商讨对策。军师刘伯温献上一计，将一批新鲜稻草和大鱼倒入河中，任其飘流到陈军阵内河道，被陈兵捞起，报到陈友谅帐下，陈见这么多新鲜稻草和大鱼，认为云台是个鱼米之乡，朱军定会得到补充，恢复生机，又见该地山高林密，怕中埋伏，困不住反被拖累，便传令退兵。朱元璋绝处逢生，化险为夷，部队休整后元气大发。此时正值中秋佳节，军民同乐，朱元璋认为是稻草解了围，要士兵和百姓将稻草编成绳状，众人用手高举起舞，朱元璋前头领舞。后朱元璋当皇帝，民间以为龙是帝王的化身，在草绳的前面加上龙头，便演变成草龙。

开化马金镇上，正月元宵的几支舞板龙队伍，就有林姓为主或姚姓为主的组队区别，坞口村舞龙的灯日就有张姓的正月十八日、朱姓的十九日之分，而苏庄富户村大多姓汪，舞草龙的队员则是汪姓为主。舞龙这一天的重要仪式，起龙、点火、起舞的程序都在家庙汪姓祠堂内进行(有祠堂的乡村都有此风俗)。对草龙的人文感情完全是一种村落行为，尤其是苏庄镇的富户村，因在1362年朱元璋进驻该村时，为朱部舞过草龙，朱感是好兆，并称该村为“富户”。1368年朱元璋称帝时，为庆贺朱当皇帝并感恩他赐村名，又创造出“鸾驾”伴龙的文化庆典活动，并逐年发展成现在的规模，保持了村中草龙的“鸾驾”特色，成为草龙文化的奇珍，村人将草龙视为自己的家宝一样珍爱。每次舞草龙是村里最具有感召力、凝聚力和向心力的活动。中秋舞草龙，集体无资金时，各家各户都

图2-8　舞草龙场景

会凑份子，出钱办龙舞。几次外出表演，一些在外打工的、办企业的村民，都赶回村里参加舞龙。舞龙这几天，全村都沉浸在喜悦之中，外地的亲戚友人也纷纷涌入，整个村落一片欢腾，还间接影响到村落中的其他一些活动的开展。

汪氏舞草龙也是在中秋时节。扎扮完毕的草龙停放在祠堂门口，由舞龙指挥发号，数声鼓点响起，早有准备的村民一拥而上，人人手中一把松油火把，快速点燃草龙和“仪仗”上的香枝。当灯光全部隐去，草龙即呼而出，它全部风采是由闪烁的香火光美妙组合呈现出来的。接着鼓声又起，众人一声大吼，龙被高擎起来，前滚地绣球开路，在忽急忽慢的鼓点指挥下，锣鼓、唢呐“一条龙”曲牌乐声伴奏，绕庄起舞。草龙浑身红光点点，万星闪耀，非常别致。远远看去像条火龙。草龙绕庄，做出种种优美姿态，套式繁多，有“龙头嬉珠”“龙身打串”“九曲弯身”“头翅履扣”“龙头咬尾”“龙尾圈头”“龙身入肚”等舞姿。

霞山的草龙还要走街串户，每到一户人家村民都要点香祈福。霞山“户户庆丰收，村村舞草龙”的民间习俗，与我国“龙”文化一脉相承，当香火将点完熄灭时，表演也就结束，草龙被引到村尾河沿，抛入溪水中，随水氽去，意为送龙入海，整个舞龙的程序便结束了。

霞山除了中秋草龙以外，到了清明时节还会舞起布龙，届时随着彩龙飞舞，又会有一番热闹场景给古镇山乡的居民带去无限的欢乐……

4. 花草堂

花草堂是一种民间音乐形式，由敲、击、打、吹四类乐器声混合而成，其主要乐器为锣、鼓、笛、号、唢呐等，整个乐队由8—10人组成，主要由鼓为主统领乐队。

二、其他风俗

霞山民俗文化十分丰富，农民耕田有水牛，晒稻用篾垫，加工靠水碓，并有“开排”“开秧门”“割青”等农事习俗。家中用具大多为木制品，也有篾制、陶制和铁制的。扇子用麦秆、棕叶等编制。常见的生活用具有脸盆、脚盆、浴盆、藏衣大柜、针线花篮、火笼、灯盏、竹烟筒、夜壶等。新娘出嫁坐花轿，新郎要雇吹鼓手

图2-9　花草堂全班人马

图2-10　马金姚家宫灯节上，姚氏族人们抬着“武将”巡游

图2-11　马金姚家宫灯节上，姚氏族人们抬着“财神爷”巡游

图2-12 跟在队伍后面的花草堂锣鼓队的霞山族人显得格外精神

"催亲",行前,母女都要"哭嫁",哭嫁有哭嫁词,女哭嫁称"思堂",娘哭嫁叫"送女上轿"。传统上,男人穿"和尚衣"(大肩衣),扣子在右边腋下,夏穿长衫,冬穿长袍,套以短袄,女子穿连襟短衣,男女裤子均是大腰式裤。雨天下田地穿蓑衣、戴笠帽。鞋以园口布鞋为主,上山干活穿草鞋。帽子圆顶,状同半瓜,人称"堂帽顶",妇女帽子以绒线编织,配一黑纱布条以绾头发。民间节日风俗很多,生孩子、祝寿、丧葬、建房等都有一整套习俗,有迷信的东西,也有娱乐、集市的目的。

1. 春节

俗称过年,霞山的过年非常热闹,从年关二十四日左右开始准备过年,开始制作年糕、宰鸡鸭、家家楼板下挂着腌制的腊肉,晒鱼干等,大年三十除夕日,早上要打扫厨房烟尘,清除庭院垃圾,洗涤被服橱柜等,贴春联、煮猪头、备羹饭祭祖,年夜饭中鸡,鱼,肉齐全,荤多素少,以庆贺"五谷丰登""六畜兴旺",吃团圆饭共享一年来最好的酒食,年夜晚上要守岁。正月初一,早餐食面条年糕,以图吉利,老幼早起，穿新衣、讲吉祥话。正月廿二，霞山村要过灯日，迎龙灯，舞高跷竹马。

2. 其他节日

春节往后，是清明艾果，立夏鸡蛋笋，端午粽子，七月半气糕，中秋节炊粉肉，炊粉老南瓜，炊粉芋头，重阳麻糍果等。民间饮酒以“高粱烧”为主，糯米酒（俗称“霜白酒”）酿制亦较广泛。酒席上，筛酒须满杯，加酒得三巡。领先喝者须站起来举杯相邀，要慢饮缓喝，即使酒量很大也要故作谦让。酒席豁拳为数字拳，分“戴帽子叫法”和“请子叫法”，有“磨心打通关”和“输家出马”流水豁两种，不善豁者“雇长工”，豁六拳称“半年”，十二拳称“一年”。

3. 饮食文化

霞山地处盆地，三面环山，除盛产木材外，主要的土特产有香菇、木耳、龙顶茶，当地的豆腐干、番薯干也驰名省内外。传统有贡面（索面、挂面）制作、竹编等。

（1）钱江源豆腐干。以高山优质春大豆为原料。采用钱江源头水，运用传统工艺与现代化技术精制而成，色鲜味美，营养丰富，风味独特，无公害。是理想的绿色保健食品，也是馈赠亲朋好友的尚好礼品。

（2）野葛粉。含高淀粉、碳水化合物、蛋白质，还含有黄酮戊葛根素、葛根素木粮甙、大豆黄酮、大豆黄酮甙、花生酸等十几种营养成分及钙、锌、硒、磷、钾等十三种人体必需的矿物质和氨基酸，在国际上享有回归大自然的绿色食品之称，具有生津止渴、清热解毒、醒酒、延年益寿等功效。老少妇幼皆宜，也是病人、产妇恢复健康的上等保健食品和馈赠亲友之佳品。

第三节　族根文化

一、谱牒文化

（一）家谱的续修

在每隔一段时间，家族中总要婚丧嫁娶、添丁置产，家族事务往往会发生着变化，所以家谱必须定期续修。按祖例：“谱必三代一修，恐世远年久，无不散失，乖离之弊，其所失为不小。”许多家族还规定家谱十年一小修，三十年一大修。“族谱重修刻板后，每十年汇稿，三十年续修，补刻印刷，附装谱后，以免久远难稽。”现存霞山郑氏宗谱是1931年重修，汪氏宗谱是1939年重修。家谱三十年一修，大体上可以把家族中的两代人衔接起来，每隔三十年续修一次，就能趁老一辈还健在，新一代已成长的时候，将家族中的血缘关系变化准确记录下来。

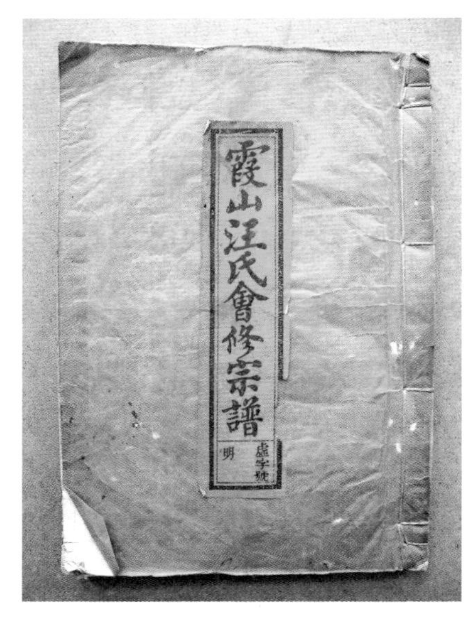

图2-13 《霞山汪氏会修宗谱》

（二）家谱的保管

一个家族，往往在族规中对家谱的收藏、保管提出严格的要求。家谱刻印出来，要分发给族人保存，以备查询。家谱一般一房一部，如裕昆堂、明德堂、永锡堂、永言堂等各房都珍藏一部，不得多印，掌谱之人为本房贤能之人。掌谱人领取、保管家谱时，要在族长处登记造册，注明家谱字号，这样便于检查家谱的保存现状，有无失落等。族谱还必须有专用的木盒，或藏于书室之中，不得随意乱放以致亵渎家谱。

（三）家谱的作用

家谱在于防止因年久或异性及同姓异族迁入本村而造成家族血缘关系混乱，从而达到收族的目的。因而家谱首先是确认族众血缘关系亲疏，防止血缘关系混乱的依据。在传统聚落中，血缘关系是确认族众的主要纽带，个体在家族中与在社会上的地位和利益，在很大程度上取决于他们在血缘关系中所占的地位。

二、族根祭祀

家的族祭祀是对祖先的崇敬，由于祭祀活动同各地的习俗有着密切的关系，不同区域的祭祀活动时间、形式和礼仪都有差别，据民国《霞峰汪氏会修宗谱》记载：“有元旦、正月十八祖诞辰、清明、中元、冬至、腊月廿四、除夕等祭祀时节。”又载：“‘序立班行’届期鸣鼓一通，祠首陈设祭仪各项停当；二鼓合族各服衣冠齐赴祠前，依次从耳门鱼贯而入，各以班行团聚一处；三鼓族众到齐，执事者各司其职，作乐行礼，其主祭者既有专位，助祭者于稍后照，依昭穆序立，昭尽穆继，穆毕昭承，每班以居中为首，左右以次分列或十五人为班或三十人为班。总度堂地之广狭为量，不拘定数其有越位榆次者，纠仪生纠察责治……”

三、族规家训

家谱中记录了许多治家教子的名言警句，成为人们的治家良策，更成为“修身”“齐家”的标准典范。据《郑氏宗谱》(图2–14)家训中记载：“国有典制，家有规训，事虽异而理则同。传云：不出家而成教于国，可知修身以教家，诚化行俗，美之根源，自古名门望族，未有不以此为要图者也。吾郑氏系本姬，周世秉周礼，凡齐家训言，应登谱牒，所以宏教育、厚风俗，而启佑后人者，提纲缀目，咸正

图2–14　《郑氏宗谱》

无缺。其闻有宜，于古未尽，宜于今者参，添酌损益，总以阐扬，祖德务期，可传可法。凡属宗派，凛遵恪守，使教成，于下则道一风，同可备盛世犹轩之采。”可见家训之所以为世人所重视，因其主旨推崇忠孝节义，礼义廉耻，注重国法、家族和睦、孝顺父母、敬尊长、亲师友、勤学业、端世习、戒淫滥、戒糜俗、恤贫乏等。

从霞山《汪氏会修宗谱》规训提纲中可以看出，在处理族人违规、犯法等皆讲求人道、仁至义尽，既给予循循善诱，又做到违法必究，处罚得当。霞山虽小，在传统的农耕社会里宗族制的农村社会管理模式却是如此的典型。

在传统的农耕时代，虽然有各级官衙，但是对于士大夫在乡里扮演的积极角色，古代中国早有强调，而自宋代以后尤为突出。张载、程颐、朱熹、范仲淹等努力重建宗族组织，实际上也有稳定社区的意义。如《郑氏宗谱》中郑氏凤祥公所制定的家训各种条文，主要就是为了赡养贫族，支持教育、换丧嫁娶等事。修谱是为了敬宗收族，以弥合各种矛盾。训规中的德业相劝，过失相规，礼俗相交，患难相恤，都是有益于保持社会的稳定的重要因素。凤祥公即为郑

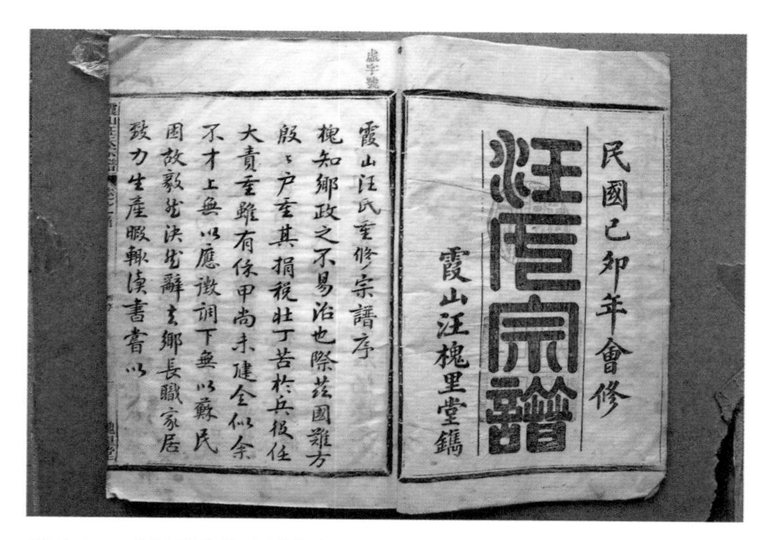
霞山汪氏重修宗譜序
槐知鄉政之不易治也際茲國難方
殷々户重其捐稅壯丁苦於兵役任
大責重雖有保甲尚未健全似余
不才上無以應徵調下無以蘇民
困故毅然決然辭去鄉長職家居
致力生產暇輒讀書畜以

民國己卯年會修
汪氏宗譜
霞山汪槐里堂鐫

图2-15 《汪氏会修宗谱》内页

氏族人中的名望士绅，随着地方乡绅力量的不断扩张和基于经济变动的社会流动性大增，这种趋势日益得到强化。它不仅是地方士绅自己的实际和道德要求，也是各级统治者所倡导的。张仲礼在《中国绅士》中写道："明太祖时期在里甲之外建立了社坛之制，老人木铎之制，乡饮酒礼等，充分显示了对基层教化控驭职能的重视。到了明代中叶，社会东动荡加剧，国家无力对地方基层社会实行有效控制，因此理学家王阳明等便大力推行相规民约之制，如刘宗周《乡保事宜》、陆世仪《治乡三约》之类的名著，同时要求士绅在其中身体力行，起主导作用。他们领导社区百姓开荒、防洪、赈济或修建公共工程等，士绅的这些社区职责在清康熙时颁发的《圣谕广训》中得到集中说明："敦孝悌以重人伦，笃宗族以昭雍睦，和乡党以息争讼，重农桑以足衣食，尚节俭以惜财用，隆学校以端士习，抽异端以崇正学，讲法律以儆愚顽，明礼让以厚风俗，务本业以定民志，训子弟以禁非为，息诬告以全良善，诫窝逃以免株连，完钱粮以省催科，联保甲以弭盗贼，解仇忿以重身命。"[1]

---

〔1〕张仲礼：《中国绅士》，上海社会科学院出版社，1991年，第63页，注1。

第三章　学理霞山

霞山古建筑群以徽派风格为主调，掺杂进闽西族居式和赣北板棚式建筑元素与风格特点，是浙西边界文化交流的结晶。与那些已开发为旅游景点的古建筑群不同，十多年前，霞山古建筑群以其原生态数量众多而闻名。原先从水口处入村，脚底的青石板给人透心清凉的感觉，高大的山墙被石灰虫侵蚀成斑驳的图案，巨大的青条石门坊装饰着俏丽的门楼，既素雅又活泼。整

图3-1　霞山民居常以砖石和黄泥石灰为建筑主材砌墙构筑，材料质朴就地取材

图3-2　古钟楼

图3-3　水碓

图3-4 霞山古民居外观现状保存

个聚落有民居、祠堂、商铺、钟楼、凉亭、庙宇等各类古建筑，建筑外观造型优美，内部木构件雕刻精美，形象生动，是浙西古建筑雕刻中的精华，霞山古民居建筑技艺已经作为浙江省非物质文化遗产保护项目，在省内古建筑中独树一帜。

千百年来，汪、郑两族互通有无，又相互竞争，产生了独特的霞山人文景观。霞山郑姓居上村、汪姓居下村（即霞田），并各有两座大宗祠、两座钟楼（霞田钟楼已在“文革”中拆毁）、两个水碓等。经过多年的变迁，这里逐渐形成了一个街巷纵横、人口众多的大村落，外人进村七拐八转，如入迷宫，不易走出，故有“古迷宫”之称。千年古埠霞山的发展可分为三个阶段：南宋初年初具雏形；明成化年间兴旺鼎盛；在清末民国初逐渐衰败，无意间和龙游商帮的兴衰轨迹相合。南宋建都临安后，霞山凭借盛产木材和钱江源头水运发达的优势，

图3–5 霞山新貌

逐渐成为木材和土特产的集散地与货运码头，到明中叶以后发展成一个“十里长街灯火通明，百停木筏不见水道”[1]的古集镇、大村落。虽然霞山古村落内现存的二百余幢老房子大多为清末民初的建筑，但从明成化年《霞峰郑氏会修宗谱》所载的《霞峰八景图》中可以看出，明代时霞山村落的格局已经形成。清末民国初，社会的动荡和霞山人的农耕思想使得辉煌一时的霞山逐渐走向没落。

境内有一条5公里的唐代古栈道，有古埠头2座，连接200余幢明清古民居，一条100多米长的东西向老街沿河穿插其间，街面商铺林立，各类商铺字号清晰可辨。霞山古民居属典型的徽派建筑，一般规模都比较小，大的结构多

---

〔1〕明成化年间大学士商辂回乡省亲途经霞山，曾感喟：“十里长街灯火通明，百停木筏不见水道。”

为三进五开间，小的仅二进院落式，其外观的整体性和美感很强，黑瓦白墙，马头翘角，错落有致。许多民居的门罩、门楼上都有精美的砖雕，有的辅以壁画，人物、花鸟、虫鱼、兽类等，青石砌成的门框，朴拙古雅，底部装饰的平石雕刻简洁、庄重。有几户民居门前摆着桅杆石，这显示出家里的主人当年曾中进士、举人或为官时的荣耀。一般民居多为三合院式，布局以中轴线对称分列，中间为厅堂，两侧为室，厅堂前方为天井，采光通风。霞山古建筑木雕根据主要的使用部位，可以分作梁架结构木雕和门窗隔断装饰木雕。梁架结构木雕集中在梁托、斗拱、雀替、檐角、华板等处；门窗木雕主要集中在门扇、窗槛、栏板、挂落、门罩等处。就装饰精美程度而言，梁架结构木雕以牛腿、雀替、月陀最为精彩，门窗隔断装饰木雕以窗户下方，以及隔扇门中间的束腰部分为最突出。霞山"三雕"有着极高的艺术价值，岁月流逝，但这些作品依然呈现在世人面前，它们带有岁月见证的古意，带着深厚的民间艺术色彩，给现代人以美的熏陶和启迪。

明清时期，霞山"三雕"艺术发展处于鼎盛，并随着历史的变迁而呈现出不同的艺术风格。明代早期，"三雕"风格朴素粗犷，画面内容简单，使用技法较单纯，主要采用平雕和浅浮雕手法，强化线条造型，作品往往缺乏透视变化所产生的效果。明中叶后，"三雕"的制作开始注重装饰的趣味性，强调对称构图，例如，建于明代的爱敬堂牛腿梁托，木雕的雕刻技法以线刻为主，用线简练挺拔、粗放刚劲。明末清初之后，"三雕"的风格有了较大的变化，"三雕"匠人吸收了许多画家的创作理念，更多地讲究艺术美呈现方式；"三雕"构图与布局逐渐趋向填密繁复，并追求华丽的画面装饰；雕刻手法多采用深浮雕和圆雕，注重镂空效果。例如，永锡堂的牛腿梁托，浮雕、圆雕、线刻等多种技法并施，并越来越注重以雕刻的层次来体现构图的透视变化、人物景致的远近关系、画面的故事情节等，同时还出现了一些追求新异、把玩技巧的审美趣味。霞山"三雕"艺术中砖雕则集中在门楼的门罩、照壁、漏

图3-6　石础“凤凰牡丹”

图3-7　石础“荷花莲子”

窗、瓦当、飞檐望砖等部位。石雕艺术主要集中在石库门、柱础石等建筑构件上，施以花岗岩、青石等材料，由于精雕细刻，使得霞山原本单调的外墙多了份生动、立体的效果。

在霞山民居房子里的花窗、窗棂的木雕图纹更为丰富，鸟兽类如松鼠、雄狮、虎、鹿、鹤、象、喜鹊、凤凰、蝙蝠等；戏文故事类有《三国演义》《白蛇传》《西游记》等；传统故事题材如“刘备招亲”“大闹天宫”“三打白骨精”“八仙过海”等；生产活动题材如打鱼、砍樵、耕种、读书等；民俗活动题材如“舞狮”“闹花灯”“划旱船”“耍灯”“跑驴”等；礼仪活动题材如“迎亲”“祝寿”“庆功”等；文化寓意题材如莲花、罗汉、暗八仙、和合二仙、观音渡海、福禄寿三星等；忠孝节义题材如“卧冰求鲤”“苏武牧羊”“岳母刺字”等；林园山水类题材如郑松如故居隔扇条环板的“霞峰八景”等；装饰图案类有云纹、回纹、缠枝等。可见题材是多么丰富。梁柱上的牛腿造型更是幽雅别致、图纹内容多姿多彩。用圆雕或浮雕反映出来，镂空效果凸显，层次繁复，作品玲珑剔透，堪称一绝！

任何一个室内空间，都由于其构成要素而给人不同的感受，这就使得空间具有了不同的情感特征。空间情感是空间环境对居于其中的人，在生理和心理上反应的人格化，表现出特定的文化效应场。从历史发展的角度来看，由于人们对“神”和“权力”的敬畏，或对“先人”“长辈”的敬畏，早就有了“秩序空间”的产生。霞山民居建筑中的厅堂空间正是继承传统建筑中“秩序空间”的代表。厅堂是家族议事、会客、婚嫁、丧葬、祭祀先祖等仪式的场所。室内的布局主要满足理学中“礼”的需要，布局对称严谨，空间大多方正、规则，厅堂空间有明显的中轴线，表现出严谨、对称平衡、层次井然的系统空间布局。体现厅堂的中庸、规矩、对称方正的美学特点，表现出了秩序与尊严感。在中国传统建筑、绘画、书法，以及民间版画、剪纸艺术诸门类中，都是通过外轮廓线及面与面的交接线来确定形象。而木雕是以刀代笔，以木代纸的艺术。木雕之线，是圆曲、含蓄之线，这种线，当与具体的艺术形象连贯时，便衍生出各种形态的线条，如刚与柔、涩与流、徐与疾、长与短、粗与细、中与侧。一把钢铁之刀可凿雕出万般风情之线，在刀与木之间变奏出因势利导的诸种说法：浮雕、圆雕、透雕、线刻、阴刻、镂空双面雕、锯空雕等。木雕往往施于建筑物的明亮部位或行人出入留驻观瞻方便之处。

浙派木雕的用材一般要求材质经久耐用，纤维韧绵流畅，并具有相应的色彩、肌理效果。木雕大多不油漆、不上色，暴露着木材的自然质感与纹理，流露出木雕艺人真实的刀法技巧，俗称“清水雕”。这种技法亲切平易，质朴随和，充分显示材质本色朴素沉稳，与清淡素雅的白墙黑瓦相映衬。浙江多丘陵山地，古时森林资源丰富，木雕所需之樟、柏、杉、枣、松、枫、槠、檀等木皆可就近取材。浙江盛产香樟树，且多有百年以上的巨樟大树，而樟木、槠木等，浙江民间更有将其投入池塘中浸泡一两年再取出晒干使用的习惯，其目的是使木材纤维更紧密，更具耐久性，且可留住木香。樟木有黄白之分，白樟易空，香淡；黄樟呈橘黄色，味浓，肌理优美，性柔顺。民间宅院中的不少牛腿皆由整块黄樟木雕制，历百余年仍形象规正。另外，松木色白，适作浮雕材；枣木色褐红，性硬，适作镶嵌小品；枫木宜作圆雕；槠木性硬，色灰，好作雕饰配材。各木用材的长短、大小、位置皆因其材质的个性差异而有所取舍。

浙派木雕在题材、形式、技法上都有明确的创作趋向与设计体例。整体与局部、主体与一般、人物题材与其他题材，皆因屋主的心理需求而有总体的选择分布。为官者多取仕进题材；痴戏者多雕戏曲故事题材；文人雅士则以含蓄之儒道题材；经商者所雕福禄财运等施之。前厅、中厅的梁枋、檐廊两中柱上的牛腿、祠堂的戏台皆为重点雕饰部位。一般在宅院正厅、两厢等门裙板多雕人物，侧门裙板则施花草鸟虫、文玩博古等。

以槐里堂为例，其戏台望板提刻有李白醉酒、杜甫吟诗、九世同堂、福寿康宁等100余个木雕人物；另外，三进共30多个牛腿、雀替，雕刻了飞龙舞凤、四大金刚、狮子麒麟、和合二仙以及历代戏居中故事，场面宏大、内容丰富、工艺精湛、形象逼真，呼之欲出。

霞山有大量的骨嵌家具，是明末霞田人汪士明从广州引入的，曾风行一时。厅堂太师壁下一般摆上一张条案，衬以八仙桌和太师椅，皆雕刻细致。太师壁左右两侧开小门，所谓“出将入相”之处；壁上时常用窗棂，或是木制雕刻团龙凤挂落，额枋处挂有书写着堂名的牌匾。

匾联与中国古建筑不可分割，是建筑重要的装饰内容，无论是商贾豪宅、大姓宗祠，还是普通庭园，几乎都可见精心布置的匾额楹联。霞山的匾联一般为黑地金字或黑地绿字，有蕉叶联、此君联、文额、手卷额、册页匾、秋叶匾等。一般在拱梁与栏杆之间都嵌有牌匾托，雕刻成鸟兽鱼虫，形式多样。

霞田一民居的门罩上刻有喜鹊登梅、鸳鸯戏荷、画眉吟春、杜鹃啼血、狮子戏球、麒麟献瑞等大小砖雕28组，据当地老人们说这是根据青龙、白虎、朱雀、玄武等四象二十八宿进行造型的，其形式多样，丰富多彩。在雕刻手法上运用了线刻、浮雕、半圆雕和镂空雕等，浅的似行云流水，深的则掬手可握，有的镂空雕厚度达20多厘米，镂空处射进的光影应时而变，变化无穷。霞山砖雕可分批量的普通图案饰纹砖和独块手工细刻砖。1949年版《开化县志稿》中有这样一段记载："九都垄上童氏作坊，以泥烧制花鸟人物，其形甚工，开邑殷实之户求之以饰门楣。"说明在霞山当地也有一些烧制砖雕的作坊。事实上霞山当地胚泥并不多，不可能大量制作砖雕，据当地村民说砖雕是用当地的木材到龙游换来的。在残破的民居废墟上，如今还能找到刻有"龙游"字样的砖胚。

一栋古民宅就像一部书记载着历史的痕迹，也记载着前人在人居环境上集生态、人文、规划、建筑于一体的设计智慧。霞山的雕饰艺术反映了将中国传统的伦理思想、地区文化和时代理念融合在一起的人居构想，反映了地域人文与建筑的有机结合，从一个侧面表达了当地人居环境的文化特点。研究此可以从一个微观的角度了解吴越文化的特征，使我们能从中体悟传统文化的精髓，从传统文化中发掘出有利于现代文化发展的内容。

建筑装饰设计中，村规民俗对宅区、村镇建设的影响非常明显，尤其是古建筑会因为礼制的不同，同一地域会出现不同的礼制文化与礼制建筑；不同的宗族反映在宗庙建筑装饰上也会大相径庭。通过对霞山建筑雕饰艺术文化的分析，让我们领悟到在新农村建设与现代城市环境设计时，既要保持和发扬地域文化与人文特色，也要适时地结合符合时代特征的设计元素，不是简单地使用传统符号，而是根据特色提取地区文化精华，将地区人文文化与现代环境相结合，才能避免因现代设计革命带来的城市缺乏个性的形象，以符合多元设计的民族化道路。继承与创新是当下最为宝贵的精神与诉求，一个古村落的保护固然是对古人生活方式的原生态的传承，更是民族建筑装饰形态之物本存在和发扬。就传统资源而言，怎样将其转换为一种当代的建筑实物存在，既需要寻找到传统建筑形式上的当代因素与材料，技术上的当代运用及拓展，又要使传统建筑的形态和功能与当代生活方式紧密契合，才能真正让传统文化资源落地生根。在建筑设计领域"文化是根"，只有立足因地制宜的环境要素，在区域软文化特色上下功夫，灵活地运用地方性材料，使得所设计出来的建筑就地取材，符合本土、节约的原则，另一方面也能够充分体现出地方特色来，使得地域文化在建筑装饰设计中得以充分释放与发扬，建筑设计与装饰才能够更接地气。美国新闻女记者简·雅各布斯在《美国大城市的生与死》中猛烈抨击了以物质功能决定论为导向的大规模拆旧建新，认为这严重破坏了以多样性为基础的城市社会文化生态。她在书中有一段精彩的论述："建筑遗产的再利用可以为传统中小企业提供场所，以增加城市的经济多样性与活力。"同理，这些古建筑都是一个城市或是地域性格的承载物，是文化的延续。

在古民居建筑装饰中，不同的形式、材料、符号、色彩、空间组织和景观，都可能包含某种文化意义，当空间、意义与活动系统相互一致时，彼此之间的联系就得到加强，当建筑变得与社群文化和生活方式一致时，就有一定的认同感和归属感。中国品牌研究院研究员迟筑强在解读安藤忠雄的作品时这样写道：一个民族传统建筑的可识别性最直观的表现是特色构件，或称"建筑符号"。狭义的"建筑符号"指建筑形态上最直观的特征，而广义的"建筑符号"也包括富有民族和地方特色的各种建筑处理手法。在各民族文化的交流和融合的过程之中，符号系统的标志性和可识别性常常会逐渐减弱。尤其到了当代，文化之间普遍而频繁的交流，使各民族的建筑在符号上的可识别性趋于淡化甚至完全消失。在这种情况下，建筑的民族特色表现在何处呢？就古民居建筑装饰形式而言，它是构成本民族传统精神与特色的有效内容，如何将丰富的文化内涵与形式语言转化成当代文化消费主旨，进而反映其时代的价值？笔者从以下四个方面加以阐述：

首先，传统形式的当代借用。

将乡土建筑完全功能型、自发式的形式呈现，上升为一种概念化的、融入审美取向和形式结构的艺术与功能并重，以形成主动式的语言形式。使当代建筑既含有传统建筑的某些特征，又保持与其的距离，表现出创造性。

在对传统古村落文化在现代环艺设计中的继承与发展上，有两条成功的方式：

第一，是传统建筑物质特征的现代化道路，以世界著名建筑师贝聿铭先生，和以设计中国美术学院象山校区而荣获普利兹克建筑奖的王澍教授的创作实践为代表。他们以现代的视角，通过对传统形式的提取，用现代的技术表现出来，赋予了传统建筑形式以新的生命。他们的一系列设计为我们对传统建筑文化中物质特征的继承与发展指明了道路。又如著名建筑大师贝聿铭先生设计的北京香山饭店，就是以中国庭院式风格建成的，其中最令人称道的是“四季庭院”，以这座阳光灿烂的庭院为出发点，各条走廊蜿蜒伸展，通向四间低层的厢房，院中疏影婆娑，人们可以一边品茗一边欣赏竹丛和金鱼。由于设计精巧，从厢房可以看到四周园林的景色。另外，它的屋顶采用了中国传统建筑的轮廓，大堂像一个中式庭院，其内部空间的特征均来源于中国建筑的形式。在香山饭店，西方现代建筑构成原则与中国传统的意象营造手法巧妙地融合，形成了具有中国气质的建筑空间。贝聿铭想通过他的设计提醒人们：中国的传统中还有如此宝贵的建筑风格与技艺，需要被我们保存和延续。他希望为新一代的中国建筑师发展一套自己的建筑特色——亭台、屏风、曲折的回廊、掩映的花木。这些中国人擅长的空间处理方式，在贝聿铭看来，与西方的钢铁、混凝土和玻璃同样强有力。贝聿铭说：“在西方，窗户就是窗户，它要放进阳光和新鲜空气。但对中国人来说，窗户是镜框。那里总有园林。”正是这样的中国园林情节，让贝聿铭想起了中国元素的现代表达方式的转换。贝聿铭曾说:“中国的建筑不能重返旧式的做法。庙宇和宫殿的时代不仅在经济上使建筑师们可望而不可即，而且在思想上不能为建筑师们所接受。我希望尽自己的浅薄之力报答生育我的那种文化，并能尽量帮助建筑师们找到新方式。”〔1〕

“香山饭店表现了建筑在文化上如何延续——撷其精华，成就自我。”贝聿铭如是说。

当下在城市建设出现“千城一面”的情况，关注建筑地域化的问题，已经摆在非常突出的地位，建筑跟本土文化、环境结合是基本出发点，王澍就是这样一位将历史建筑碎片的记忆与当代的建筑材料完美的结合，集江南建筑风格与现代空间布局设计于一体的典型人物，其“会呼吸的墙”是生态化处理的典范之作！象山校区将山水、庭院与构成结构表现融会贯通，吸收江南民居中的借景与墙面、地面、顶棚围合分割构成现代的建筑空间环境，在此之上完成景观的营造。用朴素的建筑原生态材料裸露与时尚灯饰加以点缀，实现原材料装饰的朴素美感和现代装饰材料的质量对比，创造出一种原汁原味的艺术空间效果，在植物景观的设计上追求以点状、片状、柱状形式，增加了景观的动感和魅力，丰富了校园景观层次和内涵，加深了视觉与感官深度认识和体验，更有净化空气、防止污染、调节气温、减少噪声等生态平衡的功能。

相信像霞山这样的古镇民居及其文化现象的当代意义也在于此。

第二，传统的建筑文化所包含的精神特征的现代化道路，以日本的安藤忠雄先生为代表，他也被誉为“清水混凝土的诗人”。安藤忠雄在他的《安藤忠雄论建筑》〔2〕一书中就对如何继承传统，阐述了他的观点：继承非形态的精神。

---

〔1〕摘自廖晓东:《贝聿铭传》，湖北人民出版社，2008年。

〔2〕白林:《安藤忠雄论建筑》，中国建筑工业出版社，2003年。

图3-8 贝聿铭设计的香山饭店

图3-9 香山饭店内庭

他指出，对传统的继承，不应该是继承传统的具体形态，而是继承其根本的精神。关于其文化的传承他强调“顿悟”，他的观念是以东方的非逻辑性的思维为前提的。同时，他也继承现代建筑的进步之处，将其运用在实际建筑实践中。植根于建筑场所，充分尊重其风土性、结构上合理、使五官都能感受到的建筑。他本人的代表作“光之教堂”“水之教堂”“风之教堂”就充分表达了他的设计思想。正如普利兹克奖的评语所说：“他在设计理念和材料运用上把现代主义和日本美学传统结合。他正在恢复住宅与自然之间统一性的使命。他通过最基本的几何形态，用光线为人们创造了一个微观世界。”

对建筑文化在现代设计中的继承与发展研究，必然涉及两个方面：历史背景——传统建筑文化的历史背景与现代建筑文化的历史文化，它决定了建筑文化的表现形式及其内涵；物质特征，建筑文化的物质表现形式，它是建筑文化特征所表现的一个方面；精神特征，建筑的物质文化背后的精神特质，从文化基因的角度，它是遗传密码。

其次，技术运用与手段的拓展。

吸收乡土建筑就地取材的优点，尽量运用采集运输便利的材料作为建筑和营造环境的原料和装饰元素。包括使设计能充分利用当地的地理条件和气候因素完成建筑的实用功能，减少资源的浪费，做到环保，节能，循环利用与可持续发展。

在新农村建设如火如荼的当下，传统村落的保护迎来了前所未有的发展机遇。保留历史和地域的符号，让历史建筑焕发新的生命，让有记忆、有沉淀的古村民宅成为心灵放归地，成为人们乡村“家”的记忆，去共同承载那一段乡愁。

再次，旧有生存经验与当下之关联。

人类的思想观念部分源于生存经验的积累，而生存经验又来自生活经历，所接受的教育、生活习惯等的传承叠加。这使得一定地域甚至一个民族，一个国家对自身传统与习性葆有亲切感，也就是血脉中的“趋向传统意识”，使得拥有传统文化印记的设计容易感染观者，并与之产生共鸣。而在当前追求高效、快速生活

图3-10 安藤忠雄，光之教堂

节奏的生存方式中，在传统积留的生存经验记忆中选取与之对应的设计元素，使人们在忙碌的生活中，不失时尚感的情况下追溯回忆，回归久违的自然，完成一种感觉上的精神释放与安逸。例如2016年国际竹建筑双年展成功落户浙江龙泉宝溪乡溪头村，一个如同当年的威尼斯、戛纳、卡塞尔、佛罗伦萨这样名不见经传的小地方，如今却吸引着8个国家的11位建筑大师以当地场所精神奇思构想，现场建筑团队历时4年，以竹、土、鹅卵石、木、青瓷等在地材料构成的建筑作品诞生。

每一时代都必然按照自己的方式来理解历史及其文化，因此理解就绝不只是一种复制的行为，始终是一种创造性的行为。

最后，传统与当代文化意识的共存。

传统的消亡使当代的建筑无从谈起，要做到传统向当代的转换，前提是传统建筑环境的留存。因而保护传统村落必须有完善的政策保障，使各处有代

图3-11　霞山民居现貌

图3-12 老巷口

图3-13　廊桥

表性的乡土建筑不为现代建筑环境所破坏，原生态保留文化资源既是一种态度也是使命。中国在过去三十年，经济飞速发展，综合国力与日俱增，如今，经济发展正处在转型升级过程中，经济的崛起更需要文化的助推。

传统村落保留着原汁原味的农耕文明，也传承着与自然和谐相处的生态文明理念，它涵盖了一个时代特定人群的生活方式和价值理念，古村的民居建筑和生活在里面的乡民独特的生活方式，折射出中华民族漫长且深邃的历史。生活在霞山的村落居民在传统文化的引领下，融合地域和民族因素，孕育了独特的本土文化。我们提倡在中国建筑、设计领域重新认识地域性建筑、乡土生态建筑，只有根植传统、立足当代、着眼未来，让乡土建筑的文化精髓植根于当代建筑装饰与作品中，尤其是以古村落文化为特征的民居文化承载着丰富的乡土人文情怀与中国文化符号要素，从中有机地提取各类文化要素转换成当代文化的基因是建构当代文化的必由之路。

第四章　营构霞山

第一节　居住空间

一、营建方式

根据建筑材料的不同，霞山的住宅可分为两类：砖墙瓦房和卵石瓦房。由于地处河岸，以就近取材的方式大量使用河滩鹅卵石为主材砌墙，是霞山众多民居的一大特色。比较富裕的人家用的是砖墙瓦房，它的防水性和坚固性都要好得多，而土墙瓦房则是20世纪50、60年代留下的，在村的外围有部分营建。在构建房屋时，主材是杉木，有时也用一些杂木，均为木结构承重，以穿斗式构架为主。建筑木雕部分用樟木，因樟木质地细密，散发出特有的香味，不易生虫。普通民居以圆木为主，柱径大多20厘米左右。山区多潮气，柱有石质柱础，柱墙分离，不易霉变，大多不施油漆，以素色面世，少数沐以桐油以防蛀。霞山民居中三合院居多，多以上下木板铺底，两层居多。旧时平日里大家闺秀居楼上闺房，靠天井设有栏杆或美人靠，天井一面为山墙，上饰有漏窗，其余三面的檐柱上有出挑的牛腿雕刻，承托挑檐檩。霞山的牛腿以形式多样、题材内容丰富、技艺精湛而大放异彩。三面回廊板和栏杆在这里起了上下层的过渡作用，栏杆由外倾45度的弯木组成，用干木皮封里，檐柱下有木制垂莲或木雕花篮。这样的装饰风格在浙西地区也是独一无二的，在郑松如宅表现得极为典型。

图4-1　霞山古民居卵石瓦房

围护结构用空斗砖墙或卵石堆砌。砖与砖之间，以石灰黄泥的混合物作黏合材料，砖墙表面抹白石灰，山墙顶部常常做成“五山”马头墙[1]。这种做法的马头墙在浙西其他地方比较普遍，是一种既省材料又增加住宅外观的变化与高低节奏的设计样式。

屋顶挂瓦是霞山民居最普遍的做法，民居的瓦是青瓦，时间长了就变成如今的黑瓦了。霞山民居的制瓦技术难度大，泥料要细软，砂石含量要少，否则瓦片就有破洞。制瓦片的泥料先要堆积成长方体的土块，长要和制瓦筒（圆柱形的瓦筒）的周长同样长，宽和瓦片的长度一样长。泥块用弓形工具切成泥片，

---

〔1〕转引自罗德胤：《峡口古镇》上海三联书店，2009年，第107页，注释2。山墙从中间向两边逐级跌落，各有两级，共五部分。

图 4-2　霞山民居外墙主材

工匠用双手托住泥片，围贴在瓦筒上，贴好后用手把接头用水抹平，没有痕迹。再用左手摇动瓦筒，右手扣住上边，表面平滑了再停止。拿下瓦筒放在室外晒，一筒一筒站得稳。经过二三天晒干，无水分后才收瓦坯。一筒四片，90°的弧形，刚好一个圆筒。还要把瓦坯叠好晾干。烧瓦要和砖一起烧，砖坯在下，瓦坯在上，烧制瓦片要看数量多少而定，一万片瓦的窑要烧两天左右，两万片瓦要三夜四天左右。烧制瓦片火色特别重要，太老了瓦片变形，则前功尽弃。要把握好火候，如果要烧成青色瓦片，必须在红瓦窑上浇水，一般是一万片瓦浇水2天左右，火候必须把握，否则烧出的颜色就半红半青色。铺瓦的方法叫"冷铺"，是在椽子上直接铺瓦，仰瓦之间再铺盖瓦；上下两片之间，则用"压七露三"的重叠方式(即重叠70%，露出30%)，以保证屋面防雨性能。仰瓦与盖瓦之间有空隙，人在室内能透过瓦缝看到一线天空。霞山人大部分都以楼板与地

图4-3　霞山民居建筑砖瓦

面隔开，夏季既可以阻隔楼上的闷热气候，又起到了吊顶功能。瓦的另一作用是在屋脊或门头上的装饰。整个住宅在木工大师傅的统筹之下将泥工、木匠、瓦匠、石匠统一进行调度，由于霞山民居对“三雕”（木雕、砖雕、石雕）工艺特别钟爱，因此，除了内部注重木雕装饰以外，房屋大门的门楼也是装饰的重点。霞山的门楼装饰与形制构成主要承袭徽派建筑门楼的特征，在挑檐制作、工艺材料的运用上与徽派砖雕门楼一脉相承。除去三雕以外，霞山民居还非常注重墙绘，雕梁画栋的装饰格局一样都不少。

由于霞山地处山区，气候阴湿，一般人家都将楼上做储藏间，用于囤放粮食、木材、农具、作物及杂什，一般已经不在楼上住人了。霞山民居多数为三开间带天井布局，正面为堂屋，左右为厢房（两侧厢房是主人的卧室）。大门开正面或侧面，有一小过厅，常以隔扇门或隔扇窗隔开，既强调了厅堂和厢房的重要性，又能满足通风，采光要求。这种以三合院为基本结构形制的堂屋，后墙设计为一通往楼上的楼梯（都以“一”字斜梯直通），以太师壁隔断，壁前置精雕长条案几（基本风格按年代分三类：明式、清式、民国），紧靠条案前放八仙桌及四条长凳，用以平时吃饭。

门。 门是室内与外界的分界，它是居住建筑中不可或缺的组成部分。门的设置不但与身份、等级等有关，还常常与风水有关。门在中国人的传统观念中，处于非常重要的地位，这不但是因为它的实际作用，还因为中国人的风水观念，在风水学中，门是宅子的咽喉和沟通建筑内外的气道，门上接天气，下接地气，还关系到聚气和散气，所以门的位置的选择和建造，就涉及房屋总体布局的成败，也关系到住宅内居住者的吉凶祸福。

霞山建筑中，门的设计有大门、房门、槛门、隔扇门、厨房门、过廊门等，经商人家的滑动店门等，形式多样，制作精良，极具实用与观赏价值。

堂屋。 作为家庭内的“公共空间”，堂屋是家庭礼仪中心。逢年过节，生辰祭日，都要在厅堂中设供品祭拜神主；婚娶之时，新郎、新娘往祠堂拜祖归

图4-4　霞山最常见的上楼一字梯

图4-5　民居槛门空间结构

图 4-6　新年围墙大门张贴着大红对联

宗，回到家中在厅堂拜见长辈，仪式后还要在厅堂宴请宾客，娘舅等重要客人要在厅堂上桌以示尊重。因此，霞山的堂屋装饰比起其他房间都更讲究，以额枋雕刻为中心，采用中心盒子结构布局，刻以人物、花卉、动物等主题，额枋两头，精致梁托和各式雀替、牛腿一应俱全。

天井。　天井不是一个地面概念，而是一个从地面到屋顶的立体空间，它包括天井地面的排水区，屋檐围成的采光口以及二者之间的中空区，分别称为明塘、井口、井身。天井满足了建筑的功能和节能要求，冬天可采光吸热，夏季可通风纳凉，阴天可防潮防霉，雨天可集雨排水。天井可以栽树种花，布置园林；也可以作为家族聚会，祭祀娱乐的空间；天井甚至还有某种象征含义，多进祠堂里的数个天井气流曲折相通，象征族人“同气连枝”。

天井是民居中视觉的集中点之一。霞山民居一般三开间住宅的天井长约

图4-7　典型的霞山民居堂屋空间陈设

图4-8　百鸟出巢厅的半围合式天井

图4-9　东吴水战厅挂落

3米，宽约1.5米左右，其地面一般采用麻石铺砌而成，内常摆放盆栽植物，有些布置了小盆景等。天井周围是霞山民居建筑雕刻最为集中的部分，其中挂落、弯木皮封、月陀、额枋等组成的围合，是霞山民居最具特色的地方。天井并非一个虚空，组成其“井身”的也是实体——厅堂的前脸、左右厢房的楼栏。钱塘江上游木建筑中最具特色、最精美的木雕牛腿就集中在天井的四角。被天井的光线照亮，站在天井中可读到的柱上对联，雕刻也是天井这个善于借景的“虚空”的装饰物。最富意趣的莫过于狭小的天井口所营造的明暗对比、狭阔对比、收放对比强烈的“天际线”，以及雨天落水成瀑、雨滴石鸣的“装置及多媒体”艺术。

厢房。　通常位于住宅的次间，这种三合院式的围合空间的里进次间称上房（通常是屋主人或长辈居住），前进次间称下房（通常是子女居住或者用作

图4–10　厢房隔扇

书房)。两厢的用处较为灵活，当大门无法开在下堂而位于住宅侧面时，其中一厢可作门厅(如中夹堂)，通常上下房之间有一条窄而短的夹道，上房门开在前廊贴近明间中榀柱的位置上，而隔扇窗则开在夹道，卧室的进深通常为4—6米左右。由于窗是在夹道上，光线相对较暗，加之时间久远，白墙已被烟熏黑，卧室越加显得昏暗。清代的住宅中下房是很讲究的，因为下房在天井周围，作为卧室的次间有板门和格子窗，即“隔扇”。厢房的正面是装饰的重点，霞山的普遍做法是：一般为四扇或六扇隔扇，每扇分为裙板、格心，以及上、中夹堂板三部分，上夹堂较高，雕刻内容相对简单，以浅浮雕或线刻居多，内容以规整的花草、云纹图案为主。格心是隔扇的装饰重点部位，用直棂木条构成各种规格的对称图案，中间夹饰花草、动物，组成各类格心图案，极其玲珑剔透。中夹堂的位置在视平线附近，也是装饰的点睛之笔，雕刻的纹样、题材繁多，其中风景名胜、人物故事、花草虫鱼等比比皆是，最值得称颂的是郑松如宅院的“霞峰八景图”，成了经典的大手笔。

浙西是亚热带季风性湿润气候，霞山又地处山区，防潮是关键。故住宅的厢房都铺地板，通常比堂屋的地面高出25—30厘米，地板下做木梁，简称“地龙档”，加硬抽支撑，将下面架空。为便于通风，地板下空间四周石质地梁上做通风口，以防地板霉变，一间有两到三个孔，以石雕琢成。地板为2厘米厚杉木，考究一些的人家施以油漆、桐油。

厨房。 霞山民居的厨房一般都不建在住宅的主体部分，而建造在主体之外的偏屋，紧贴主体住宅，以单层一面坡结构设计，有门与主体相通，面积大小从几十至几百平方米不等，如郑松如旧宅厨房就有100多平方米。厨房往往连同柴间与灶台一起，灶的位置决定于灶口的朝向，要看风水，不得朝向门的方向，灶靠外墙的一侧设烟囱。厨房除了日常做饭还要做豆腐、酿酒、腌咸菜等，到了逢年过节时，还要打年糕、磨糯米粉。厨房还要天天煮猪食，其基本设施有：水缸、粮缸、酒缸、咸菜缸、酱缸等，有些还留有石磨、石臼等器具。

图4-11　沿用至今的灶台

厕所。　霞山古民居中，不论住宅大小，不管贫富差异，住宅内部皆不设厕所。这也是整个浙西地区居民的习惯，和浙西农业需用家肥有一定的关系。农民们将粪便通过马桶收集起来，定时回田浇灌庄稼，既环保又得到了综合利用。也有些大户人家将茅房建于宅旁，下置大粪缸，上设木架侧位，外面稍加围栏并加顶，缸内积肥沤肥，等到需要肥料时，便可以从粪缸内随时掏出。由于缸大气秽，不能放在室内，所以大凡茅厕都在外面。宋朝陈旉《农书》"粪田之宜"篇说："凡农居之侧。必置粪屋"，以壮"新沃之壤"。[1]想必农舍厕所历来如此。

在农村随处可见这样成排的茅房，也给整个公共环境带来污染，近些年新农村建设茅房改造工程已经将这样的茅房统一拆除。

〔1〕转引自陈志华、楼庆西、李秋香：《新叶村》，河北教育出版社，2003年，第108页。

二、名人故居

（一）郑松如故居

1. 霞山郑松如宅院建筑格局及形成特色

霞山郑松如宅院（简称“郑宅”）始建于清光绪二十年，建成于1948年，由名震一时的大木材商郑松如精心构筑而成。据史料记载，郑松如之父属霞山支祠爱敬堂，家境贫寒，光绪二十年始建启瑞堂草屋，仅60余平方米，后虽有所添置，也仅百余平方米。

1916年，郑松如只身南下经营木材生意，四年后回乡，在启瑞堂原址上添置正厅和落轿厅。1924年杭州浙东大木行开业，财源广进，到1936年，郑松如已拥有十三家木行，自霞山至杭州沿途皆设有别墅，遂购地8亩建花厅、书斋，辟地筑后花园、别院及花台水榭。1947年购置建材，在郑宅到爱敬堂间愈两百米的弄巷里建回廊。次年，郑松如着手修编《霞峰郑氏会修宗谱》，回廊修筑暂停。

霞山郑宅占地面积3 339余平方米，平面略呈凸字形，北向宽，南边窄。由正厅（图4-13）、花厅、书斋、别院、落轿厅、水榭、花园和老宅组成主体建筑，偏东有一条南北走向的小巷将马厩与主体建筑分割开来。结构非常完整、功能十分齐全，是整个霞山古建筑群中最为典型的民居院落。其建筑风格集古徽派和江南吴越派系之长，各个建筑既独立又相互交融：既有徽派建筑森严肃穆的气势，又有江南园林委婉小巧的趣味。

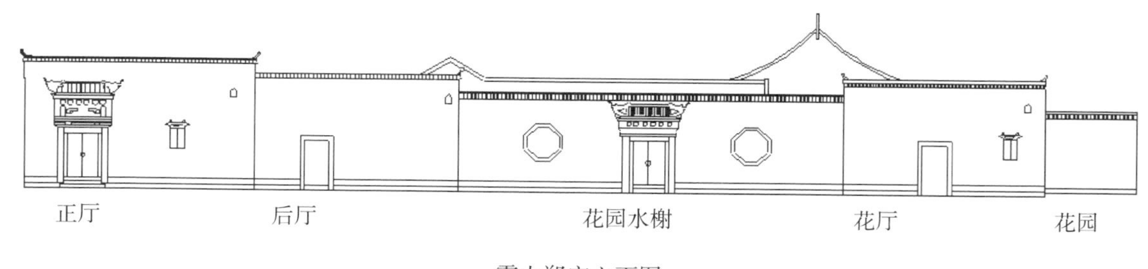

图4-12 郑松如故居立面图（丁美君绘）

图4-13　松如故居正厅天井

在霞山古建筑群中乃至中国古建筑长河中，郑宅犹如一面镜子，无论在结构、布局、木雕和文化品位上都具有绝对的代表性。霞山郑宅较好地保存了老宅的历史原貌。

正厅为五间大厅，占地面积171平方米。前山墙上有4.5米宽、1.5米高的大型砖饰明窗。古人建房选址讲求风水，主人因以经商持家，故在东面墙靠南侧开正门，以避戾气。厅内雕梁画栋，牛腿雀替上镂空雕着大量的人物、动物、花鸟草虫，拱梁上则雕着“六畜兴旺”“五谷丰登”“双凤朝阳”“年年有余”等吉祥图案，还有在别处不多见的双层垂莲柱。靠前山墙为大天井，山墙上镶嵌有精美图案的漏窗，这种设计可以使屋内光线充足，空气流通，但缺点是冬天冷，雨天潮。“天井”的设计沿袭徽商传统，经商之人，总怕财源外流，就造天井，使屋前脊的雨水不致流向屋外，而顺势纳入天井之中，名之曰：“四水到堂”，图个“财不外流”的吉利寓意。三面回廊上木雕更为精细，回廊板和栏杆在这里起了上下层的过渡作用，栏杆由外倾45度的弯木组成，用木皮封里，檐柱下有木制垂莲或木雕花篮。二楼多为闺房，所以栏杆也叫“美人靠”，其木雕自然更显得精致细腻。天井两边为东西厢房，窗棂拼斗格心，上有花鸟草虫，下为裙板，中间一块十余厘米宽的腰板上刻有《霞山八景》诗图和文房四宝图。格门是向内开的，遇到婚丧嫁娶出入人多的时候，就可以将格心摘下，使里外打通成一片。天井用清一色的50厘米宽青石板铺就，紧靠山墙有一4.5米长的花台

图4-14 郑宅正厅——启瑞堂

石，上面摆放着万年青等盘景，花台石前是一青石铁构的长方形蓄水池，饰假山、养金鱼，既可观赏又可防火。天井两边有陶管接成的落水管，可避水泻墙壁。室内的格局有耳房、大厅、后寝、厢房等，布置则因地制宜不为成法所拘。长条桌上摆上两只花瓶一面镜子（意为平平静静），太师壁上则有肃穆的祖宗像和书有"启瑞堂"的匾额，立柱上挂有书卷气极浓的壁挂对联写道："一室可为安乐窝，四山便是清凉园""天长流水坐怀古，春静幽兰时向人"隐喻主人高雅不俗的性情。太师壁下摆上一张书条桌，衬以八仙桌和太师椅，皆雕刻得十分细致。太师壁左右两侧开小门，所谓出将入相之处。壁后面是楼梯，两面各有一小门通向后厅。整座正厅的装饰不失考究、华丽，其历史的积淀又使人觉得深沉而凝重。

后厅面积有150平方米，结构布局与正厅极为相像，只是两边厢房各向厅堂外展了一个房间，是主人休憩睡眠的场所，现成列着房主人当年用过的各式生活起居用具。值得一提的是主人当年赶考的考篮，也因考不同级别而使用不同的款式，有秀才篮、举人篮、进士篮……足以彰显古制之森严！花厅占地面积150平方米，结构布局也一样没有很大的变化，值得注意的是天花板上的一只木雕灯座，工艺精细，还有左侧厢房的窗棂腰板，以深雕手法雕刻着风景图案，画面栩栩如生。

花厅和后厅之间隔着270平方米的院子，南面和西面有3米宽的7字形回廊，北边花厅正门两边有一对狮耳石鼓（图4-15）。石鼓前是四根单排柱子的石阙，1958年已毁，只剩四只覆盘。石阙靠后厅一边与回廊间隔着4米宽的水池，以石板桥连接两边，现今水池也被填平。东边是高大的院墙，墙角处现存一口古井；正中为大门，1985年因乡文化站搞以文补文被封，偏南开一小门进出。

院子西墙有一小门通向书斋。书斋面积125平方米，面阔五开间，厅堂有六只牛腿，雕刻着龙、朱雀等。

图4-15　郑宅后厅门口的石鼓

图4-16　郑宅书斋

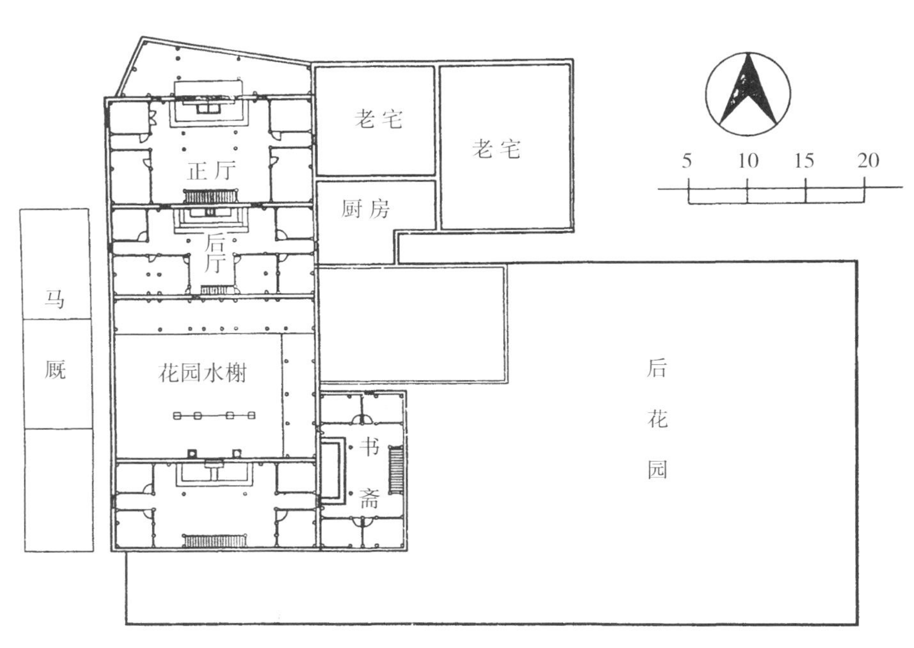

图4-17　郑宅平面图（丁美君绘）

图4-18　郑宅书斋画案

在南边里厢房在四壁木板的伪装下隐藏着一个暗间，若非知情者，绝难发现其中的奥妙。北面厢房里至今还陈列着主人过去用过的红木榻床，床上棕绷已撤，但床沿木档、花板饰件完好无损，尤其是花板用镂雕、浅雕、线刻等手法制作而成，并以蝙蝠、鲤鱼、三羊、灵芝、兰花、梅花、铜钱等吉祥物装饰，图案清晰，雕刻细腻。

落轿厅是正厅南面的一处60余平方米的不规则小屋，古时妇女地位低下，回娘家时轿子不能进入正厅，只能停放在这间小屋，然后从另开的一个小门进入，落轿厅也以此得名。

除了郑松如建造的这些建筑之外，还有占地70平方米的厨房和200余平方的两栋五开间民房。所有的主体建筑构成一个倒7字型，而填补其空缺的是一个占地600多平方米的后花园，虽然在历次的拆迁中已毁，但其旧址风貌犹存。

马厩在主体建筑的东面，一条两米宽的小巷隔在中间。马厩内昔日饮马的石槽和深入地面的马脚印还在。

霞山郑宅其建筑风格融徽派建筑森严肃穆之气势，兼有江南园林委婉小巧之趣味；既运用了中国传统风水“依山面水、静雅开阔”的选址理念，又符合了商埠重镇“去繁求简、寸土寸金”的建房宗旨。从构筑精巧的木梁架到精雕细刻的图案花纹，从硕大厚实的栋梁立柱到造型新颖的跨廊垂莲柱，从“可见天日”的大天井到“四水归堂”的蓄水池，从拼斗格心的厢房窗棂到肃穆威严的太师壁，正厅的高大恢宏，后厅的随和简朴，书斋的幽雅恬静……郑宅属典型的江南民居建。按过去的规矩，民宅是不施油漆的，百十年来，架梁饰物仍风光依旧，除了用材上乘之外，高超的技艺起了很大的作用，那些复杂的斗拱昂枋、牛腿雀替，还有连接石板石条的铁构件，在现在看来都是不可思议的。可以这么说，郑宅的一切都透出一种巧夺天工的匠心！

2. 郑宅的人文特色和艺术价值

郑宅延续了明清传统的建筑结构和装饰风格，面积较小，大的不过三进五开间，小的仅一列式三间，然而其精细的木雕仍使人耳目一新。因气候炎热湿润，霞山郑宅采用木梁柱，屋顶出檐远大，以防雨水淋湿墙面，并都开有幽雅别致的小天井，天井四周落地柱上有牛腿，结构不大，但形式多样，如“吉祥（象）如意”“三阳（羊）开泰”“马到成功”“年年有余（鱼）”等，取其彩头。按古代礼教，龙是不可在民居中出现的，有的只是龙头鱼尾，俗称鳌鱼，然而书斋中的牛腿却是龙凤齐全。郑宅中有两只反映唐代仕女日常生活的牛腿木雕，非常罕见。连接底柱的拱梁一般有代表宗族精神或房屋主人思想的主题木雕，在回廊板的衬托下格外引人注目。正厅二楼有木制佛龛，有外厅高堂，有拱梁立挂，有牛腿雀替，有柱础复盘，活脱脱的一个内八字古建筑的缩影。

霞山郑宅色彩简素而不刺激，木雕梁柱多以白身不施油漆，家具也仅用黑色退光漆少加金花，营造出安静的色调，极适于居住。木质家具以清代制式居多，榫卯斗拼精细，线脚曲折严谨，一切从实用出发，略加艺术趣味，极少做作之处。从木雕形式上看，家具与建筑相呼应，与室内各种门罩等配置甚佳，如同一个整体，不分彼此，如床榻常在室内一端，床外安碧纱罩，有博古架或条案，有些床外框造型本身就是房屋梁柱的结构。厅堂太师壁下摆一张书条桌，衬以八仙桌和太师椅，太师壁左右两侧开小门，所谓出将入相之处；壁上用窗棂斗拼，或是木制雕刻团龙凤，额以书有堂名的牌匾，雅致精微。霞山郑宅的匾联一般为黑地金字或黑地绿字，有蕉叶联、此君联、文额、手卷额、册页匾、秋叶匾等，制作精良，具有很高的艺术价值。郑宅一般在拱梁与栏杆之间都嵌有牌匾托，雕刻成鸟兽鱼虫，形式多样。砖雕集中在门楼和石门坊之间的门额上，从鳌鱼翘首到“福禄寿禧”以至门额方匾、外墙花窗，到处都有用培泥烧制的艺术品。

郑松如自幼受儒家思想的熏陶，而清末到民国末年这一动荡不定的社会大变革时期带给他的又是一种全新的感受。正是在这种矛盾交织的心态下，郑宅诞生了，郑宅在传统的基础上又掺杂了许多时代气息，如郑宅的跨廊不像传统徽派一般点划成“商”，而是做成西式的弧形，并以小垂莲作为装点；许多雀替拱托上的木雕也有大量反映民国时事的内容；从整体布局上看，打破了传统对称的框框。

综上所述，霞山郑宅规模宏大、功能齐全、结构完整、工艺精湛，充盈着人文气息和艺术魅力，具有较高的艺术价值、研究价值和极强的艺术感染力。

3. 霞山郑宅的木雕艺术

（1）霞山郑宅木雕艺术的种类及特色。

霞山郑宅木雕艺术秉承徽雕艺术特色，融东阳雕之灵秀，其形式大致可分为两种，一种是“独立式”，一种是“依附式”。前者指可以用来自由放置，并且从任何方向任何角度都能看见的所谓三维空间艺术的圆雕，通常作为室内的陈设品或案头摆件，如脸盆架。后者指用于装饰建筑物室内墙面或门窗等固定空间的浮雕，这类浮雕通常采用高、低、深、镂、透、通等多种手法来表现。雕像略微突出的称作低浮雕；雕像在底面上十分突出的称作高浮雕；浮雕的周围被镂空使雕像如剪纸般显出清晰的图像效果被称为镂空雕；构图层次多，一层一层雕进去，除了最后的背景，前面部分与底面没有关系的手法称为透通雕。透通雕的特点是，融合各种雕刻技法在一个画面上，表现多层次的立体型的全面镂空雕刻，呈现出的作品有玲珑剔透的艺术效果，如郑宅的“回廊挂落”“牛腿”“额枋”等木雕作品就是把人物山水、翎毛花卉、走兽虫鱼和各种图案集中在一个画面上，并以“之”形与“S”形来区分不同的情节和场面。镂通层次一般在二至六层，雕工细致几近于牙雕，层次丰富，立体感强，在狭小的面积上，表现出广阔的空间。

郑宅木雕内容大致可分为博古、飞禽、花草、人物、山水等类型。郑宅木雕从题材寓意上又大致可分为：“吉祥图案”，如“五谷丰登”“百鸟朝凤”“龙凤呈祥”等。直接表现当地人民现实生活的题材，包括房舍、放牧、狩猎等社会生活的各个方面，尤其是根据当地的人文景观所创作的《霞峰八景图》最为精彩。人们熟悉的飞禽走兽，如鸡、象、猪、牛、马、鹿、蝙蝠、鱼、虾，以及植物花卉、蔬菜瓜果之类。根据建筑装饰的需要因地制宜，主要集中在回廊挂落、额枋、牛腿、月陀、窗棂、床榻等木雕装饰构件。

霞山郑宅装饰木雕在题材内容上，集中体现了民间工艺美术的共性。但在每件具体作品的形式、风格、审美趣味、工艺技法上，又有它独特鲜明的风格。

① 精美绝伦的挂落雕刻艺术。

挂落（图4-19）作为一种空间分隔，起着空间过渡的作用。在正厅天井的三面回廊上的挂落，采用对称设计，靠东西两边挂落采用镂空雕技法，雕刻着一组左右相对应的菊花图案，外形大致一样，但里面内容却变化错落，雕刻工以黄鹂和菊花作为主要的造型元素。根据挂落的造型特点，因材施艺，一对黄鹂隐逸其中，其中一只翅膀伸展，张着小嘴与背对着的黄鹂正在私语，一正一反，一静一动。黄鹂双爪牢牢地抓在花枝上，惟妙惟肖，充分体现作者对生活的洞察，及高超的雕刻技艺。

图4-19　挂落

② 深邃华丽的额枋雕刻艺术。

正厅天井的北面是主立面，其中最出彩的莫过于额枋的主题性雕刻“三阳(羊)开泰”(图4-20)。在额枋最中间的部位，采用层层推进的镂空雕手法，外形酷似倒梯形，饰有流线云气纹，里面有瓦舍院落，树木花草，一只领头的公羊迈着矫健的步伐，昂首阔步，后面跟的着两头山羊似乎不甘落后，埋头直追，好一幅人间美好的自然景观！额枋两端分别刻着一对在云气环绕中展翅飞翔的凤凰，预示着主人家“凤凰绕梁，紫气东来”；东西两面廊枋的木雕平整，廊枋两头饰以浅浮雕云纹，刀法娴熟，线条流畅；廊枋中端也以高浮雕手法刻以一叶芭蕉为底，芭蕉叶中间摆着插满鲜花的花篮。整体观之，壁面上挂落和斗拱的雕刻显得醒目、突出，檐柱下的木制垂莲和木雕花篮完好无损。

图4-20 “三阳(羊)开泰”额枋

③ 灵动奇巧的月陀雕刻艺术。

月陀俗称元宝，因位于梁枋中间，又称梁陀，既可装饰，又可表达祝福的意愿。安徽境内建筑月陀往往外形采用椭圆、长方形、多边形等结构，四边饰以二方连续纹样，中心以线刻、浅浮雕、深雕等手法刻以规整的人物、动物、花卉图案，施以金漆饰面，给人以庄重、肃穆的感觉，同时强调支撑构架作用。郑宅正厅的月陀雕饰有鸡、羊、牛、马、猪、狗等图案。以菱形和椭圆形为依托，打破了四边的规整，以装饰作用为目的，与廊枋的支撑功能减弱，代之以全搁板支撑。根据画面需要，以动物、房舍、花卉为主要内容，强调"因物象形""因势利导"的创作原则，以透通雕及圆雕为主要手法，素面白身，故而变严整为灵动、化肃穆为生机。如正厅东面的一组透通雕"双鸡啼鸣"(图4-21)，所雕房舍树木掩映，相映成趣，画面最中心处雕有3只公鸡，其中2只正好将整个身体伸出鸡窝，依次排列，正在清晨啼鸣。另一只则将身体半探出鸡窝，眼神与前面两只相互对视，互相照应，一藏一露，一伸一曲，互为对比。其结构准确，体态丰盈，公鸡身体上的羽毛雕刻得严整而大气，流畅而优美，作品无不朝气蓬勃、催人奋进，具有很强的艺术感染力！在民间，鸡是吉祥的象征，预示着"吉星高照""生机勃勃"。下文"百鸟朝凤厅"的主立面月陀雕刻则以瓶花、花篮为主，内涵丰富、寓意深远，所雕物象体态健壮，造型准确，刀工老到，栩栩如生，具有极强的写实功底。马、羊、犬、牛等物又蕴涵着"忠、孝、节、义"的含义，这也充分显示主人良好修身素养。

图4-21　"双鸡啼鸣"月陀

④ 精彩纷呈的牛腿雕刻艺术。

郑宅的牛腿虽个头不大，但精工细作，尤以书斋的几副牛腿因用材上乘、雕刻精湛而著称，分别是“鲤鱼跳龙门”“朱雀祥瑞”“松鹤延寿”“梅兰竹菊”（图4-22）。这组作品色呈青灰，长约60厘米，宽约35厘米，厚约12厘米。其中最为精彩的是“鲤鱼跳龙门”，龙身缠有梅花枝和云纹，鳞片装饰规整，身体婉转自如，有一条鲤鱼被龙的前爪牢牢地抓住尾巴，鲤鱼似乎在奋力挣扎，圆目斜视、张嘴欲脱，而龙则龇牙咧嘴形态生动逼真。这在众多“鲤鱼跳龙门”的题材中，鲤鱼被龙爪抓住的情景还是不多见的，雕刻刀法老练，匠心独运，传神地刻画了腾龙的神态。在天井北侧靠墙部位雕刻的“朱雀祥瑞”图，所雕朱雀身体正面朝前，单腿着地，尾羽贴地，头部回转，颈部用力弯转，形象自然，构图饱满，与南侧墙角“松鹤延寿”图，遥遥相对。

郑宅的后厅牛腿也雕工不俗，主要以镂雕手法为主，有“喜上眉（梅）梢”“独占鳌头”“富贵牡丹”等作品。由于郑宅的牛腿大部分建成于民国时期，故受西方雕塑艺术的影响，提倡透视写实、比例合理等美术理念则一目了然。别院中的“人物牛腿”雕刻文化品位极高，人物与动物画面构思巧妙，典雅含蓄，耐人寻味，是牛腿木雕中的上品，欣赏价值极高。

⑤ 巧夺天工的窗棂雕刻艺术。

郑宅的隔扇中，以中夹堂正厅的四扇隔扇和花厅隔扇上的主题雕刻“霞峰八景”著称，其中“翠嶂列屏”（图4-23）是具有代表性的一幅作品。据《郑氏宗谱》的“古八景诗”云：“锦屏高卓拥山村，翠霭氤氲旦夕生。一自负依千载后，精英今又寄何人。”诗情与画意得到了完美的体现。画面中马金溪畔，屋舍连绵、井然有序；古木茂林、苍翠掩映；溪水清澈、鱼戏成趣；峰峦叠嶂、蔚为大观。雕刻者将阴刻、浅浮雕、薄肉雕和镂空雕等巧妙结合，构图不受透视法则的约束，不强调纵深的真实感，讲究的是疏密匀称，穿插联结，紧凑结实，故将方寸之地，表现得活灵活现，生动自然，足见雕刻之精妙绝伦，手法之高超，是

图4-22　“朱雀祥瑞”牛腿

图4-23 翠嶂列屏

夹堂板雕刻中难得的精品！其余如“青云岭峻”“绿野耕耘”等所雕图形融装饰性、审美性、现实性于一体，在众多民居雕刻中实为罕见。“霞峰八景”的夹堂板雕刻，为我们进一步研究霞山的历史人文景观、自然景观等提供了丰富而有力的实物资料。在花厅的隔扇上还雕有各式“花鸟走兽”“文房四宝”“梅兰竹菊”“双蝶戏兰”“鸳鸯戏水”等图案令人目不暇接。

郑宅的窗棂形式多样，图案精美，主要有回纹、缠枝纹，冰裂纹如意纹、直线纹，结合盆花蔬果、蝙蝠、虾蝶等图形，或烦、或简、或曲、或直，并营造出井字嵌凌式、花节嵌玻璃、冰裂嵌玻璃等款式，尤以后两种居多，千变万化，令人百观不厌。

⑥ 细腻见微的床榻雕刻艺术。

北面厢房里至今还陈列着主人过去用过的红木榻床，床沿木档、花板饰件完好无损，尤其是花板用镂雕、浅雕、线刻等手法制作而成，并以蝙蝠、鲤鱼、三羊、灵芝、兰花、梅花、铜钱等吉祥物装饰。特别是门帘正中的一幅“寿鹿图”（图4-24），老者左手持一龙头拐杖，右手握一

图4-24 寿鹿图

如意状仙草，身着长衫，腰间系一葫芦，双耳垂肩，前额长一肉瘤，长须童颜。一只梅鹿，前蹄踏在石头上，昂首咬着灵芝，对着老者。整幅画面呈一扇形，构图饱满，图案清晰，雕工精巧细腻、古朴典雅。

4. 郑宅木雕艺术的审美和展望

纵观整个郑宅木雕工艺，首先，形式上大都采用具象的表现手法，但造型上则大胆夸张。特别是那些头大身小的人物，物大房小的衬景，夸张而有节制，变化适度，动态的传神写照，着意突出造型的稚拙、质朴、洗练、明快感，具象的形体中注入了抽象因素，活跃的、夸张乃至幽默的动势，使形象充满生气，不再刻意人体结构、比例的精确度，真挚感人的形象更加突出，这大概就是"大巧若拙"的奥妙之所在。其次，景物构成上注意虚实主次、线条分割、层次节奏的处理，追求画面结构的严谨与变化，构图的饱满与均衡。即使安置在窗棂上的一个单独纹样，也要把写实的形象加以变化和组合，使之饱满厚实，装饰性与实用性达到了完美的结合。镂空的深浮雕与圆雕拼接一起，加强深度空间感，构成丰满的多层次的景物形象，很是耐看。再者，内容题材上体现与当地自然景观的有机结合，强调创作的主题性。其次，在文化传承上，郑宅以丰富的人文特色，独特地域环境，悠久的历史文脉，其兼容并包的建筑特点、工艺特色，为浙西民居特色文化的研究提供了丰富的素材，更为研究浙江徽派建筑的演化提供更为广阔的思路！

（二）百鸟出巢厅

由贯穿霞山东西向的一条古街进去，踏百步经过中将宅、东吴水战厅就可到达百鸟出巢厅[1]。整栋建筑规模虽然不大，却是民国霞山郑氏的三大家族[2]

〔1〕百鸟出巢厅就是现今在比较通行的百鸟朝凤厅，因笔者寻访该屋主人时得知郑凤武当年建造该厅时的本意是"借丹凤朝阳、百鸟出巢"之吉照，以期子孙兴旺发达。

〔2〕郑宝槐、郑凤武与郑松如、郑友山合称为民国霞山三大家族。郑宝槐家大伯郑锦江是国民党中将，其弟兄郑宝龙在霞山以霸权族著称，解放初期因率土匪叛乱遭枪决；郑凤武和郑松如是以经营木材码头为主的商业家族；郑友山是文人家族，当时以替乡邻书写状纸著称，其家族一向崇尚读书。

图4-25　郑宅齐瑞堂楹联

图4-26　郑宅天井石雕水池

图4-27　郑宅齐瑞堂天井下水道口设计

之一、大木材商郑凤武的宅院。民国时期，郑凤武与霞田的大木材商汪凤祥曾因杭州码头生意而发生争端，上演过一起“双凤闹杭城”事件，震惊杭州工商界，最后由汪凤祥夺得了地盘而告终，可想当年霞山人在杭州势力之大。由于是山区小镇，土地资源极为有限，故汪、郑两宗历世宗族矛盾比较突出，曾有相互争斗的历史，故发生这样的事情也就在所难免了。后来在郑松如的努力下，其本人率先娶汪氏族人之女为妻实行和亲政策后，汪、郑两宗族达成和解，从此就没有发生两大宗族之间的争斗现象。

百鸟出巢厅为三间两厢房带天井的结构布局，大门朝东对古巷而立(一般关闭)，平时其入口先由前庭小门进去过一天井，上五步小台阶即进入厅堂，其正厅架梁下的一对雀替雕有“双鲤戏水”，水波翻滚，鱼跃水上，好不热闹！

在中国的封建社会，商居四民(士、农、工、商)之末。商人没有显赫的政治地位，虽然富甲一方，建宅也不敢违背封建等级规定，只好“三间五架”。为了显示经济实力，商人除了采用一屋多进、宽通面以外，在室内外装饰上尽量讲究，从而也造就了霞山三雕艺术在建筑装饰中得到广泛的应用与迅速发展，形成了一宇之中三雕并美的格局。霞山民居砖雕清新淡雅，玲珑剔透；石雕凝重浑厚，金石风韵；木雕华美，窈窕绰约。其三雕构件与主体建筑有机结合，竞相生辉，形成一种优美典雅的建筑装饰风格。

霞山古村中心与著名的郑松如故居建筑群[1]仅一墙之隔的百鸟出巢厅，是建于清末的一幢古建筑，因其挂落上雕刻着一组“百鸟出巢图”的木雕作品而闻名遐迩。一块平淡无奇的木头，在工匠的雕琢之下，充分运用对比、夸张、装饰、比兴等，或人物、或走兽、或花草，将艺术的匠心与主人的旨趣经营得既重重叠叠，又玲珑剔透。

---

〔1〕详见陈凌广：《浙西霞山郑宅木雕艺术研究》，《装饰》，2007年1月。

图4-28　“百鸟出巢”组图局部

1. 秀润繁茂的挂落雕刻艺术

霞山的民居天井绝大部分是采取三面回廊和一面山墙的“半包围”结构。百鸟出巢厅天井的三面回廊上各装饰着2米长、40厘米宽、10厘米厚的整樟木板镂雕成的组雕“百鸟出巢图”。其中，东西两面回廊上各装饰着“喜鹊登梅”“太平绣球”，北主立面雕刻长8米，由4块2米长、40厘米宽、10厘米厚的整樟木板镂雕而成“黄鹂牡丹”“山茶杜鹃”“松鹤延年”“榴花翠樱”四组雕板，与中间一对突出的圆雕凤凰(其中一只已毁)构成了一幅气势连贯的“百鸟朝凤图”。画面连绵起伏，中间由5个花篮将每块挂落自然隔开，既整体又相互独立，使整个画面富有节奏感。所雕各色小鸟造型准确，形象生动，或飞，或鸣，或枝头小憩，或窃窃私语，或嘤嘤哺食，或花丛穿梭……与小鸟共设一体的是梅、兰、竹、菊“四君子”，由于独到的设计构思，使得鸟与花、枝缠叶卷时隐时现，顾盼生趣，巧夺天工！在构图上，借鉴传统的散点透视、鸟瞰式透视等构图法则，讲究布局丰满，散不松，多不乱，层次分明，主题突出，表现情节，具有以小观大的艺术效果。回廊板和栏杆在这里起了上下层的过渡作用，栏杆由外倾45度的弯木组成，用干木皮封里，可惜45度的弯木和干木皮封里已经局部腐烂，显得有些满目疮痍。回廊上部的窗栏也已损毁，回廊下的木雕花篮和莲花垂个个精雕细凿，层层叠叠，一丝不苟，达到了中国传统美学上“错彩镂金”“雕缋满眼”[1]的艺术效果，虽有局部掉落，然而仍不失其华美。有意思的是遗存厢房格心窗棂上至今还有一块当年意大利进口的蓝色花玻璃，十分显眼。

2. 不拘一格的月陀雕刻艺术

霞山建筑木构件月陀设计受周边安徽建筑影响明显，却又有自身独特的风格。百鸟出巢厅的月陀布局采用左右对称形式，内容有花瓶、花篮和群鹿等吉祥图案。以菱形和椭圆形为依托，打破了四边的规整，以装饰作用为目的，其与廊枋的支撑功能减弱，代之以全搁板支撑，这也是月陀从徽派建筑衍生流传到霞山后，工匠们改变其结构的承重功能而强化其装饰效应的地方，同时也进一步说明了文化的发展是一个不断传播与融合的过程，展现霞山民居建筑兼收并包、融会贯通。百鸟出巢厅的主立面月陀雕刻则以瓶花、花篮为主，内涵丰

图4-29 “四禄”月陀

---

〔1〕宗白华:《美学散步》,上海人民出版社,1981年,第34页。引自钟嵘:《诗品》:“汤惠休曰:‘谢诗如芙蓉出水,颜诗如错彩镂金。’”上海古籍出版社,1994年,第270页;《南史·颜延之传》,鲍照评颜延之诗“铺锦列绣,亦雕缋满眼。”

富、寓意深远！东西立面对称设以梅花鹿为题材，其中一幅“四禄图”（图4-29）不但神态各异，而且精细逼真，小梅鹿依偎相靠，母鹿拔步回首，一副母子情谊图，给人以无限遐想。在民间梅花鹿象征长寿，“鹿”又与“禄”谐音，寓意高官俸禄，代表着财与福。所雕物象体态健壮，造型准确，刀工老到，具有极强的写实功底！作者以极具生活化的视角，以准确而犀利的刀法将四只梅花鹿雕刻于月陀这一方寸之间，其完美的艺术表达深深地打动着慕名前来参观的人们，整组作品以圆雕和镂空雕手法表现，具有极强的写实造形功力。

3. 丰姿华美的额枋雕刻艺术

回廊下的7只木雕花篮和额枋的主题性雕刻是“麒麟献瑞”（图4-30），暗喻“麒麟送子、人丁兴旺、张灯结彩、喜气洋洋”。额枋通体装饰华丽，两端的凤凰在牡丹丛中回眸翘首，展翅飞翔，翩翩起舞，麒麟则于房宇之间回首顾盼，与

图4-30 “麒麟献瑞”额枋

图4-31 “麒麟献瑞”额枋局部

挂落“百鸟出巢”遥相呼应。该组木雕中，以浅浮雕的手法对凤凰加以立体表现，同时为了突出画面的主体，在整条额枋的中心位置以深浮雕手法强化麒麟的表现，使观者一眼就能捕捉到麒麟的神韵与风采。同时匠人们还在额枋下的一对雀替上下足了功夫，一边是“三阳(羊)开泰”，另一边是“吉祥如意”，虽然大象和山羊的体量较小，但所雕形象线条流畅、造型精练，给人栩栩如生之感。整组画面既活泼、灵动，又不失严谨的法度，运用一松一紧、一张一弛、一多一少的构图原则，将物象加以建构对比，以期获得画面布局、气氛营造的形神皆备、造化自然的效果。其细腻的刻风和高超的图案组织技巧，既突显了匠人高超的艺术技巧，也寄托了主人立足于生活又富于想象的精神诉求，更反映了主人既立足现实又独具创造力的个性品质，充分展示了主人对一切美好事物的向往和追求的情感，使之成为浙西众多民居建筑文化当中的典范之作。

百鸟出巢厅以其特有的恢宏与意趣，诉说着主人热爱大自然、热爱生活的朴素情怀，是先民依托环境创造人与自然和谐的真实写照。经过百余年的沧桑岁月，如此精湛的艺术品能够得以保存，这是霞山人的骄傲，更是浙西民居建筑艺术文化中的绚烂篇章。令人遗憾的是，在霞山曾有着300余幢古建筑群

图4-32 “百鸟出巢”厅挂落

的文化村落，近年来由于保护不力，每年以10%的速度消亡。

（三）郑岩如宅院

通往郑氏宗祠和郑松如故居的老街的东吴水战厅正门的斜对面是郑岩如的宅院。这是一个三开间的院落，房屋朝东南，在古巷边开一侧门，建有门楼，门口有古井一口，为岩石凿成的四方古井，进口呈0.7×0.7米，深约8—9米，旱时不见水浅，雨时不见水溢，井水甘甜清口。井壁上有两眼方孔，古时用以封锁井盖。原有明正德进士方豪[1]所题“慧泉”石碑，现已毁。正门设门楼（图4-33），以砖雕和壁画装饰，门耳上一对倒挂砖狮甚是可爱，门楣以对称形式

图4-33　郑岩如故居墨绘门楼

---

〔1〕方豪（1482—1530年）开化县金村路棠陵人，历任江苏昆山知县等职，在地方上也很有政绩。梠徐宇宁主编《衢州简史》载，他生性磊落，旷达不羁，时常寄情于山水之间，赋诗抒怀，才思敏捷，写诗速度很快，大多片刻即成。有《性理集解》《断碑集》《养馀录》《见树窗稿》《洞庭湖雨编》等十余种著作流传，其中《棠陵集》8卷、《断碑集》1卷、《蓉溪书屋集》正集4卷被收入《四库全书》。

图4-34 郑岩如宅院

装饰黑白梅花图案，采用两方连续和四方连续及独体画结合手法，将门楼装饰得朴素而得体。

最值得一提的是，该庭院内一对牛腿雕有“三顾茅庐”（图4–35）和“文王访贤”（图4–36），雕得极为传神。其人物牛腿整体雕工纯厚，人物形象生动传神，画面构思巧妙，典雅含蓄，耐人寻味，是“牛腿”木雕中的上品，欣赏价值极高。“三顾茅庐”所刻的刘、关、张三人在门口焦急等待，诸葛孔明先生则于茅庐内伏案闭目，整幅图将刘备那种求贤若渴的迫切心态，表现得一览无余。另一幅“文王访贤”，姜子牙置于文王前下方，左手拉鱼线，右手拿一书本，头戴草帽，目光向前，文王及下属慈眉善目，毕恭毕敬立与后面，态度虔诚。

图4–35　郑岩如宅牛腿“三顾茅庐”

图4–36　郑岩如宅牛腿“文王访贤”

比起晋商宅地雕刻装饰中显示出的彰显荣华、求取富贵的商人文化，郑岩如宅院建筑雕饰体现了儒家思想。从霞山所处的文化环境来看，衢州地区自古乃“南孔圣地”，文人荟萃之地，儒学思想在这里根深蒂固，从郑氏宗祠“爱敬堂”的命名中，可以感受到儒家的“仁”“礼”观念深深地根植于郑岩如的人生观中。从隔扇上的中夹堂“高士对弈图”（本章后面“霞山中夹堂雕刻艺术”有详细介绍）中，各式牡丹、菊花等为主题的建筑雕饰中，可以看到儒生们的人格理想与审美情趣在自然物体上的移情表达。

第二节　商业空间

1 300多年前，霞山的祖先因避战乱走歙尾之道迁于此地。他们学习徽商的艰苦创业，勤俭持家，利用钱江源头地理优势，采伐、运销木材，在家乡的河畔开店，经营南北杂货，肉屠酒肆，经过几代人的繁衍生息，逐渐形成了一个以古商埠、古驿道为依托，向四周扇形发射的大村落。马金溪是开化木材航运的主要河流，而霞山河流开阔、平缓，历来是上源水运木材的集散地。由于开化木业繁荣，霞山以木业为生的人很多，成为富商的也很多，其中有郑松如，他在杭州与人合股的浙东木行就十分出名。另外郑凤武、汪凤祥等当年在杭州还因码头之争上演过“双凤闹杭城”的事件。

霞山一带多出能工巧匠，据《开化工业志》载：明朝霞山龙村张卯生石刻甚佳。清朝初年，霞山汪士明是嵌萝钿工艺的有名工匠。加之霞山与安徽屯溪、江西等地邻近，受徽派建筑文化影响很大，因此，本地的能工巧匠经常在安徽、江西一带为当地的富人建屋，回乡后便在霞山造出连片的徽派建筑群。古霞山的商贸业兴盛与其地理位置、当地资源及徽商的发达有关。浙西边界崇山峻岭、交通不便，霞山地势平坦，人口居住集中，是南来北往的商贾、军士、游客在此歇息、夜宿的黄金地段，钱江源木材资源丰富，山民以砍伐木材为主要收入。霞山河流开阔、平缓，历来是源头齐溪等地运木材停留的地方，成了木材交易的集散地。商业街就是在这样的条件下兴起和繁荣起来的。随着附近徽商的兴起，也给霞山人带来冲击，久而久之，霞山就成为南北货物交易的集市，古街就繁荣起来了。霞山的工商业最明显的是山区特征和木材运输业特征。这些工商业者大致可以分为两类，一类是商人，另一类是手工业者，手工业靠的是一技之长。老街两边原有40余家店铺，现在大部分已经废弃，只有一家百货店还在经营糖烟酒生意，墙上隐约留下了过去的印迹，如"花酒发兑""酒坊茶馆""南北布匹""南货贡面"和"南北杂货"等商铺店号字迹，现在依旧清晰可辨。

老街目前的格局从功能上可以分为三大类型，店铺多为二层砖木建筑，一般每户三间门面，店面、作坊、住宅三位一体，大部分保留着商家前店后坊、前铺后户的经营格局和特色。从这些遗留的字迹可以看出，当时的服务业相对比较发达。从店铺与住宅的关系而言，有纯店铺和前店后宅两种，前店后宅型店铺的进深较大，一般有天井，为典型的"一颗印"式的四合院建筑。而店铺的显著特征是临街立面的"开放性"，其一层用便于拆卸的木板一字隔开。有意思的是，霞山古街上的店铺房有很多是半扇开门，半扇砌一人高的石头墙，再用木栅栏，犹如临街柜台的模式，这也是霞山老街店面的一大特色。店面出檐五六十公分不等，檐口撑以简素小牛腿装饰。霞山店面的建筑工艺远比不上祠堂，以及形制较高的住宅、庙宇，其原因可能与经营规模、经营项目有直接的关系。

老街上最精致的两栋建筑分别是郑宝槐的宅院（四合院）和花楼（于2008年底被住户自行拆毁），四合院的主人郑宝槐是霞山解放初期的当地匪首，后被当地政府枪决。该建筑是老街中心的一座保存完好的民居，分两进，外进为门厅，后进为正堂，中间有中门隔开，两进各有一天井，外进天井较小，以明瓦覆盖用于采光，内进天井较大，有木制滴雨，有花岗岩柱础，堂前牛腿雕刻为"六畜兴旺""五谷丰登"，"鲤鱼跳龙门"和"凤竹交辉"牛腿是堂前正中最精彩的一对，即表达"龙凤呈祥"之意，通体采用圆雕和镂空雕技法。牛腿"鲤鱼跳龙门”中刻画的一条苍龙脚踩龙珠，从天而降，见首不见尾，其口吐飞瀑，一泻千里，两条鲤鱼奋力向龙嘴跳跃，欲成仙得道。苍龙所至，似风起云涌、飞沙走石，引得柳枝左右摇曳，气势恢宏。牛腿“凤竹交辉”中刻画一对凤凰在竹林间穿梭、停留，互窃私语。牛腿主体位置还刻有三层翘檐凉亭，竹叶相衬，瓦砾历历在目，刻法精微，于细节中见功力，于幽静处透出画面的美感。四合院民居内还刻有常见的走兽类牛腿，以梅花鹿、大象、马等牛腿为代表。以其谐音来体现寓意，如大象表示“万象更新”“吉祥如意”等意；“六六大顺”梅花鹿象征长寿；“鹿”又与“禄”谐音，寓意高官俸禄，代表着财与福；而马为“马到成功”之意等。在堂前有一书条桌为樟木雕花，其上明八仙、暗八仙、花鸟草虫一应俱全，楼上还有一个供奉神灵和祖先的佛龛，完全是徽派典型的内八字木结构建筑的缩影。

图4-37 悠悠老街

图4-38　霞山古巷俯瞰

图 4-39　老街上依稀可辨的“酒坊茶食”

图 4-40　老街上的“南货布匹”

图4-41　老街上门店及柜式窗台别有一番特色图

图4-42　老街店面遗迹

图4-43　老街直开门

图 4-44　单间店面

图4-45　老街商店现今大部分已经废弃

图4-46 岌岌可危的新旧矛盾令人痛惜与无奈

图4-47　高墙上的窄窗

图4-48 老宅古巷

花楼原有建筑极为独特，楼层外梁间雕有精美的木雕构件，最为精彩的是木雕灯笼、花篮以及与情爱有关的各式图案。两层的大房子一面临街，一面靠河，楼上是一排待客的闺房，或许小小的花楼在这大山深处，演绎着无数风花雪月之事，也勾起了人们无数的遐想。

第三节 公益空间

一、古钟楼

古钟楼始建于明代万历年间，据《郑氏宗谱》载，钟楼于清代咸丰丁巳年曾被毁，民国年间重建，坐南朝北，为四方形三层木结构。该楼现位于霞山村口的霞山中学内，至今与之朝夕相伴的还有一株树龄500多年的苍劲古樟，是当年建楼时同时栽种的，正可谓“前人栽树后人乘凉”，楼与树交相辉映，共同见证着古村的历史变迁。整个建筑面积为108平方米，五脊重檐式歇山顶结构，楼内有天花，正脊中两只瑞兽即鸱吻（鱼翻尾），檐口滴水瓦当，搁板为“井”字三角形，周围栏杆采用檐柱和垂莲柱。至今古钟楼的三层中梁上还悬挂一口明代弘治铭文大钟，据悉，此钟楼是为镇“白虎”而建的，钟楼建成后，霞山日益兴旺发达，人才辈出，以至于霞山人常以“钟楼底人”自居。据说钟楼是为村前山峰定风水而修建，钟声还是族人通知集会或节日庆典的信号。站在钟楼顶层眺望，霞山霞田及龙村畈尽收眼底，轻扣大钟，钟声悠远飘荡。

二、霞山水碓

霞山的水碓有两个，上田一个、下田一个。在浙西地区，原先差不多每个靠河的村庄都建有水碓，水碓本身是农产品加工的工具，在农业和手工业时代，水碓利用的是“永不枯竭”的天然水资源，从而大大节省了人力成本，所以在溪流资源丰富的地方很常见。明代宋应星的《天工开物》中记载：“凡水碓，山国之人居河滨者所为也。攻稻之法，省人力十倍，人乐为之。”[1]它列举了三个主要作用，转磨成面、运碓成米、引水灌田，完整地将水稻从种植到加工实现一条龙服务与转化。水碓由水轮、碓轴、石碓头、石碓臼组成，和水碓同在碓房内的还有石磨和去谷壳的砻。通常水毂轮直径2—4米，碓轴长10米左右或更长，每个碓头各对应一个碓臼。水流带动水毂轮和碓轴转动，碓轴上装有拔杆，使碓头上下起落，在碓臼内，有规律地发出咚、咚、咚的声音。

第四节　宗庙空间

一、宗庙概述

在乡村传统社会组织形式上往往以“家族”作为基本单元，以父系亲属原则组成的家族来维系社会的礼治秩序。在村子中有宗氏祠堂、堂屋、花厅、灵

---

〔1〕宋应星著：《天工开物》，钟广言注释，广东人民出版社，1976年，第131页。

香堂（或称“仪园”）等公用房。祠堂供族人聚会、演戏、祭祀上供，堂屋为公众存放大型农具，花厅供人游乐、练武，灵香堂与人寄放灵柩。由此，祠堂成为整个家族意识的凝聚点，也是他们维系世代繁衍的精神归宿。

明代以后，制度允许村镇士庶营建祖庙，于是各地的宗祠大量出现。宗祠是同姓家族祭奠祖先、议事聚会的地方，并在其中建立戏台，供祭礼和娱乐演出用。祠堂作为耕读文化和农耕经济时代的标志，通常出现在以血缘和地域为特征的家族聚居地或村落之中，星罗棋布遍及全国各地。因此，祠堂是研究中国古代传统祠堂文化的重要文化场所。祠堂文化是中国传统文化的重要组成部分，它直接体现出中华姓氏的血缘文化、聚族文化、伦理观念、祖宗崇拜、典章制度、堪舆风水、建筑艺术、地域特色等各个方面，以它的载体——祠堂建筑表现得最为明显。祠堂文化所涵盖的有祠堂、祠产、祠约、祠堂建筑规制、祠堂陈列格式、祭祀礼仪，以及宗谱家乘、行派世系、传记事略等广泛领域，是中国重要的传统文化，它和国史、方志一起，组成了中国传统文化的完整体系。祠堂一盖就是数百载，宗谱一修就是几千年。作为一种文化现象，祠堂文化是华夏各民族带着明显的血缘地特征的族源祖根标志，一条维系着各宗族姓氏之间的血脉，在过去和未来之间架起穿越时空的桥梁。祠堂的首要功能是祭祀祖先，通过祭祖来达到敬宗收族的目的。像设家塾、置义田、修族谱，这些都是宗族的任务，往往都是在祠堂完成的。随着社会的发展，祠堂的功能逐步丧失，这也是祠堂逐渐消亡的主要原因之一。

除祠堂之外，浙西村落中还建有寺庙，乡村中寺庙以土地庙最为常见，关帝、龙王、真武、观音等亦为众多寺庙所祀的主要对象。而主持寺庙庵观的究竟是僧或尼或道，则呈现出较大的随意性，并不存在一定的界限和规则，这样的现状在浙西存在普遍的现象。另外，寺庙不仅是乡民精神寄托、免灾祈福之所，也为人们设立社会救济机构、举办义学乡塾等提供了空间，因此，当时的寺庙具有较为广泛的社会文化功能。

二、祭祀建筑

(一)汪氏宗祠

汪姓是江南大族。源出有二:一为汪芒氏后人,以国为氏,汪芒,商时小国,位今杭州西、湖州南,相传由夏代防风氏所改;一为鲁成公庶子之后,以邑为姓,系出姬姓。东汉末,孙策南渡,部将汪文和累建战功,封为龙骧将军,先后为会稽、新安太守。南北两汪,合而为一。隋末汪华,拥族众割据,有歙、宣、杭等6州之地,后举地归唐,封越国公。故天下汪氏,多以皖南为辐射中心,兼及浙西、赣东北地区。明清,徽商足迹走全国,汪姓亦遍布天下。

霞山汪氏宗祠(图4-49、图4-50)位于青云岭脚霞田村,沿着古代马金至安徽的古栈道而行,走出两山夹峙的石撞岩,依山傍水的霞田村便出现在面前。它被一条长龙似的防洪堤坝环绕着,远远望去,古老的徽派建筑和现代的高楼

图4-49 “汪氏宗祠”大门

图4-50 “汪氏宗祠”立面图（丁美君绘）

大厦交织在一起，麇集成一个颇为壮观的村落。村前，从山脚下流淌而出的金溪河水，在起伏不平的河床上泼溅出水花，绕过一道道岩石，向下游奔腾而去；村后，从崇山峻岭中奔夺而下的“五马山”，俯视田园山村，气势逼人；村庄中间，宅旁路边，繁多的古樟翠柏高耸蓝天，舒展着如伞的树冠，掩映着密密匝匝的民居，呈现出一派古老而苍茫的山乡景色。

1. 汪氏宗祠溯源

霞山霞田村，始建于元朝至元庚辰年（1280年），为汪菘所建。六一公汪菘辟地建汪氏宗祠，富者出资，贫者出力，男丁投劳，女子送饭，经三年建成，又在祠堂外植槐，故名“槐里堂”。1335祠堂被毁。1589重建，1822扩建，槐里堂规模初具。1861又毁伤大半，1862在原基上复修，1903重修至1917完毕。于右任先生题“汪氏宗祠”及“槐里堂”匾额，门口有一对直径80厘米的桅杆礅，是清朝举人当地乡贤、举人汪云鹤所立。宗祠外观五开间，西边有照墙。祠前有一片开阔的广场，主要是作庆典活动时用。汪氏宗祠是浙西地区保存最完整，规模最大的祠堂之一。

2. “汪氏宗祠”建筑的人文特色

“汪氏宗祠”占地842.12平方米，朝南坐北，分戏台、大厅、后堂三进，双天井，戏台为牌楼式歇山顶建筑，宏伟挺拔，较完美地体现了徽派建筑与浙西吴越文化的有机结合。门口立有一对旗杆石，现旗杆已失，但巨大的竿礅如故，门面为平檐廊道穿斗结构，其廊枋、斗拱、牛腿木料粗壮，气势宏伟，中门上部正中悬挂着“汪氏宗祠”的匾额，整个大门以人物雕刻为主，主门牛腿高近1米，宽0.6米，厚0.15米，施以镂空雕、深雕及高浮雕等技法，独立式结构，左右各刻有文官、武将9名，武将在前，手执刀剑，勇猛威武；文官在后，手持朝板，儒雅贤德。各个形态逼真，表情自然，服饰雕琢华丽、细致。牛腿上方的梁托有“双凤飞舞”，并有“日”“月”二字，斗拱斜插，化为“二龙戏珠”，暗喻汪氏子孙

图4–51　汪氏宗祠中堂

后代“文武双全”“龙凤呈祥”“日月同辉”。只可惜“文革”期间，大部分雕像面部被铲，但形态依稀可辨。月陀雕刻以鲤鱼和花瓶，意喻“平（瓶）平（瓶）安安”“年年有余（鱼）”的美好祝愿。汪氏宗祠雕刻的鲤鱼虽多，但各个形态逼真，各不相同。平日里大门一般不开，待逢年过节，重大祭祀时才开正门。进入祠堂则从两边侧门通行。十几年前，由村里19位老人组成的老年协会义务承担起保护祠堂的责任，他们天天整理祠堂，找寻遗失的物件，轮流照看祠堂，有时晚上还要巡逻，在当地传为佳话。

汪氏宗祠以古戏台精美的雕刻著称，祠堂门槛很高，一般人不高抬膝盖则很难入内。进入祠堂内，一座双重跷角飞檐，牌楼中心刻有蓝底黑浮雕字的“清溪鼎望”四字醒目庄重。戏台牌楼用材考究，装饰华丽，雕刻精美其装饰风格为典型吴越流派，戏台左右挂落根据造型特点，仰卧雕刻着“诗仙”李白和“诗圣”杜甫饮酒作诗图，刻画细腻，个性鲜明，一群白鹤从贤哲头顶飞过，无形之间增加了“双圣”的神秘感。中间大梁上雕刻着戏剧人物，生、旦、净、丑、外、末、贴等南戏角色各个齐全，唱、做、念、打等戏剧综合表演雕刻的十分传神。洗练的线条把旦角裙衣的摆动及其羞怯妖艳，把净、丑须髯的飘逸都表现得淋漓尽致，使画面鲜活生动，妙不可言。

整座戏台的楼檐层层叠叠，所雕饰的图案，极尽华丽，美不胜收。在戏台上演出时，灯火辉煌里，台上的表演和楼檐上的各色雕饰融为一体，戏里戏外别有一番艺术风味。“槐里堂”中堂为七架六开间，由42根一人不可合围的柱子建成，深广宽敞，高大宏伟，气势雄浑。据当地村民说，临天井的两根柱子上曾经有一对硕大的狮子牛腿，雄健无比，上刻八大金刚，形态各异，每只牛腿重达数百斤。牛腿分三层，镂空雕花，中层是花卉图案及戏曲人物，与戏台横梁上所刻的戏剧故事遥相呼应，底座为威武神俊的张嘴狮子，脚捧镂空绣球，狮爪劲厉，雄风霸气。现已不复存在。这对牛腿雕刻的丢失，使建筑物的大气与伟岸逊色不少。

图4-52　“清溪鼎望”牌楼式戏台建筑

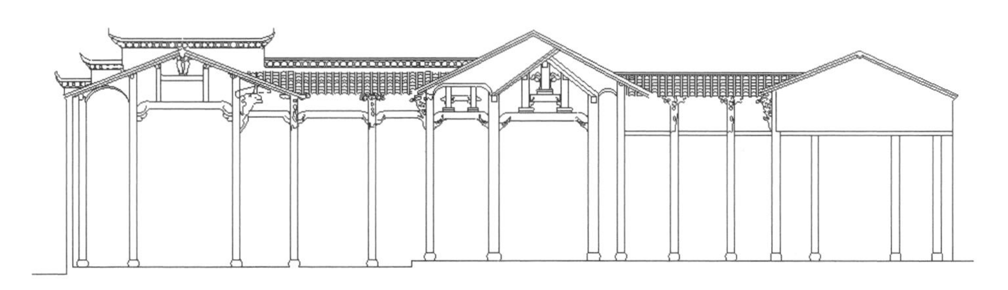

图4-53　汪氏宗祠整体剖面图（丁美君绘制）

中堂正中匾额上于右任书写的“槐里堂”三字显得古雅而庄重。牛腿中间额枋上的“越国流芳”横匾，字迹秀峻，其意是霞田汪氏始祖汪华，以示纪念。大厅两侧还悬挂着“文魁”“德恩一乡”“杖乡硕望”“德邵年高”等明清儒学、秀才所书的匾额七八块字体端庄有力，书法造诣颇高，悠悠岁月，往事见证。

后堂曾是汪氏族人祭祀祖先的场所，现“香火堂”虽名存实亡，但天井四角立柱上的牛腿雕刻却保存完整。

图 4-54 汪氏宗祠神寝“母狮”牛腿

图 4–55　汪氏宗祠木雕门楼大气而恢宏

图 4–56　汪氏宗祠廊道额枋粗壮浑圆

图4-57　别具特色的汪氏宗祠“鲤鱼跳龙门”斜撑

图4-58　汪氏宗祠门楼木雕元宝“渔”

图4-59　汪氏宗祠门楼

图4-60　汪氏宗祠门楼木雕书生，是少数未遭破坏的完整件之一

图4-61　汪氏宗祠门腿青龙神雕刻楼牛

图4-62　汪氏宗祠门楼白虎将雕刻牛腿

图4-63　汪氏宗祠天井牛腿“刘海戏金蟾”

图4-64　汪氏宗祠天井牛腿“和合(盒荷)二仙”

图4–65　汪氏宗祠戏台“清溪鼎望”匾

图4–66　汪氏宗祠戏台“诗圣”杜甫

图4-67 汪氏宗祠戏台"李白斗酒"

（二）郑氏宗祠

1. 爱敬堂溯源

据史料记载，爱敬堂是霞山郑氏的宗祠，建于明代正德年间。

2. 爱敬堂的建筑格局与人文特色

爱敬堂前后三进，两天井，占地1 050平方米。前进为戏台，现已拆，中有天井隔开。整座建筑用材硕大特别是柱子，为清一色的粗壮圆木，横梁为典型"冬瓜梁"，滚圆简朴，不事雕琢，宗祠显得笃实厚重，稳固如山。门口门楣上至今仍悬挂着"奕世崇祀"（图4-68）的匾额，虽经数百年风雨冲刷，字迹仍清晰可读，一目了然。中堂正厅悬挂着大学士商辂题写的"爱敬堂"（图4-69）匾额。霞山村民崇尚教育，人才辈出，并出过多个文武举人。"爱敬堂"中现存后堂柱子上的对联，上联为"爱清者不敢慢于人"，下联为"敬亲者不敢侮于人"。从这副对联中可以看出郑氏家族淳朴和善、谦逊恬淡的家风。如此古雅的人

图4-68　爱敬堂“奕世崇祀”匾额

图4-69　“爱敬堂”中堂

家，足见中国传统文化的丰富底蕴和博大精深，更彰显了霞山的古朴灵秀。

爱敬堂内牛腿木雕简朴，其前庭戏台牛腿则较精致，主要以半圆雕长形结构刻有四对鳌鱼和四对草龙，为明代牛腿典型风格，所刻线条凝练、稳重、朴素大方。

图4-70　爱敬堂后堂天井

图4-71　爱敬堂后堂祖宗牌位

爱敬堂后堂是祀祠祖先的场所，平面抬升一米多高，有五级台阶沿天井进入，四周有青石围栏，内有常年不断的清泉，小虾小鱼畅游其中。陈列祖宗牌位的祀台六层，上部装饰有彩绘图案，庄严而肃穆。

（三）永锡堂

1. 永锡堂溯源

至南宋绍兴十四年（1144年），族人分四房各建祠堂，有裕昆堂、永锡堂、永敬堂、永言堂，裕昆堂为大房，永锡堂为二房，永敬堂为三房，永言堂为四房。当时建造永锡堂，采取每户出丁一人，送饭一人，富者出资，历时四年，永锡堂建成，气势宏伟，金碧辉煌。明宣德二年（1427年）永锡堂被毁，次年重建。明正德八年（1513年），永锡堂再度被火焚，遂从原址向右两米重建，并建一呈太极形水塘，以避水灾。至此，永锡堂规模初具。1915年永锡堂原址重修。经过多次的修复，其建筑风格渐渐地倾向江南派系。永锡堂作为霞山最大的姓氏郑氏的二房宗祠，具有一定的历史地位。

图4-72　永锡堂水塘

2. 永锡堂的建筑和人文特色

永锡堂占地420平方米，平面呈凸字长方形，在徽派建筑基础上，结合了江南水乡的特色，用木料多，木材断面大。木雕精致，保存完整。整座祠堂造型别致，美观大方，雕梁画栋，色彩鲜艳，布局对称，结构严谨。堂外有一占地50余平方米池塘，呈太极图形，祠与水塘相映成趣，具有较高的艺术价值。

永锡堂分三进，第一进为戏台，除挑檐下的一副牛腿被盗，其余保存十分完整。戏台前沿栏杆呈半圆形，木结构拱托上有“博”“爱”两字，雕刻精细。尤其是戏台额枋上雕刻着的内外23个戏剧人物形象，分前后两排，每人手上各执一物。中间两个人物为“老生”形象，左右各持一扇，相对而立，手握令箭

图4-73　永锡堂歇山式古戏台

图4-74　永锡堂戏台额枋《点兵图》

木，似在升帐点兵。站在前排的还有摇旗呐喊的士兵；有身着战袍、手执战刀、背插旌旗威风凛凛的将军；有得令出发的探马人物等，形象生动，气势磅礴，人物结构排列整齐，疏密得当，以镂空雕手法，层层推进，场面宏大，雕工精湛，装饰性非常强，其艺术成就可与“世界文化遗产”——安徽宏村“承志堂”的额枋雕刻相媲美。永锡堂的戏台雕刻还非常注意对每个细节的表现。如正面的梁托上刻着“三顾茅庐”“桃园三结义”“三英战吕布”等情节的画面故事，形象逼真，灵动自然，文化意趣含蓄厚重。

第二进为大厅，两只一米多高的牛腿玲珑剔透，精美绝伦，牛腿由两部分组成。上半部为武将形象，身着盔甲，背插令旗，双剑双剑合璧，高冠长须，眉宇间透着威严与神圣，骑在一雄狮身上，狮子龇牙咧嘴，双腿抱球，目光圆瞪。其身子左侧有一小狮滚绣球，侧伸倒挂。在武将的背后，藏有露出半身的小狮子，单脚搭在母狮的尾部，憨态可掬，巧夺天工。牛腿整体布局气势喧昂，线条流畅，形态逼真，构思巧妙，匠心独具，采用了圆雕、透雕、镂雕等手法，堪称霞山牛腿雕刻艺术的绝品！

图4-75　永锡堂大厅

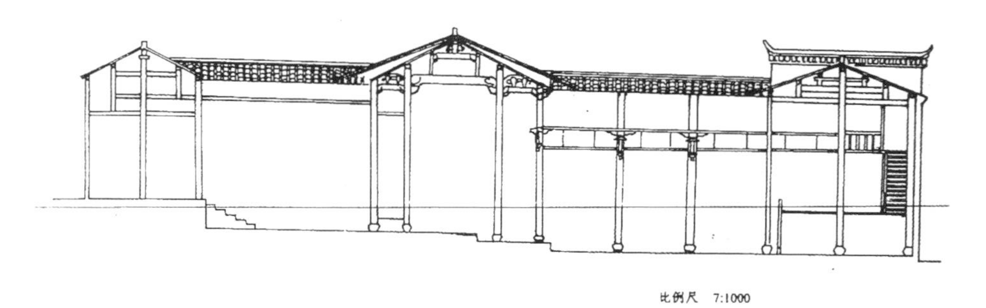

图4-76　永锡堂剖面图（开化文管所供稿）

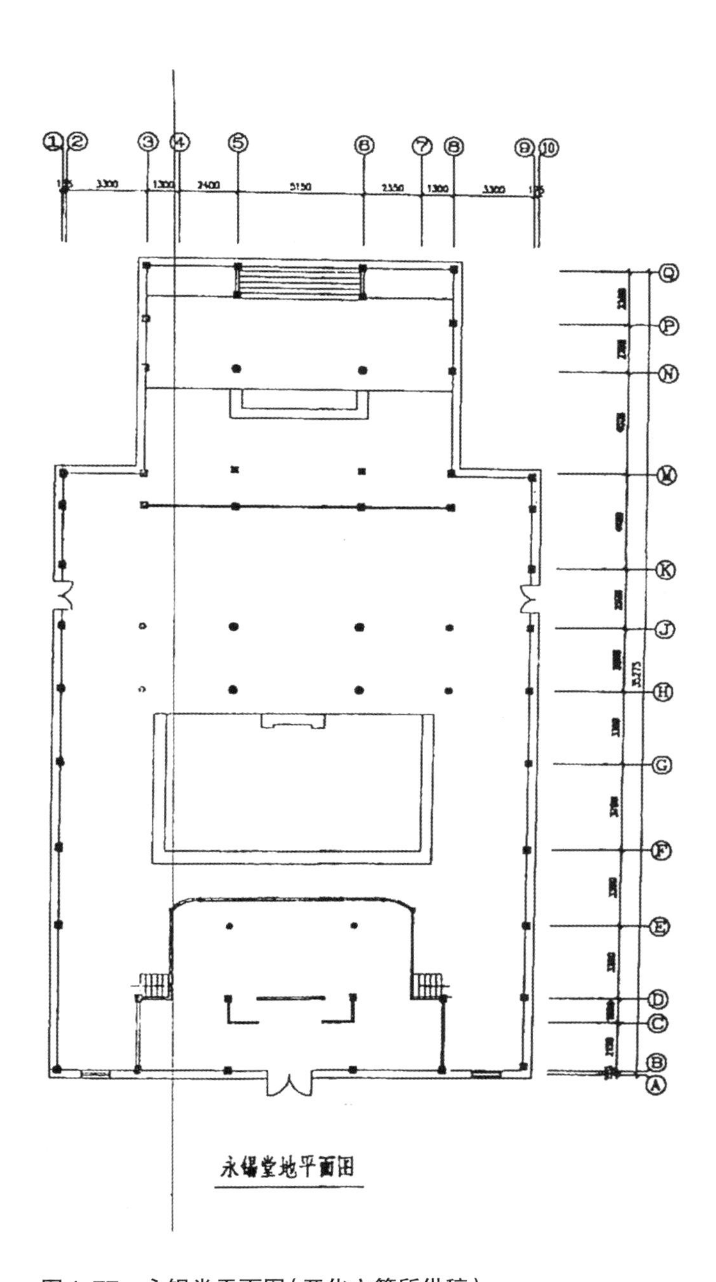

图4–77 永锡堂平面图（开化文管所供稿）

图4-78 永锡堂牛腿枋

图4-79 永锡堂牛腿

第三进为后堂，平面升高了一米多，是祭祀祖先的场所，原有五层祭台，已经被毁，现今所剩一水泥祭台，已无昔日之恢宏了。

（四）裕昆堂

1970年因族人在裕昆堂内吸烟，烟蒂引大火，裕昆堂被焚毁，现存断壁残垣。据村民叙说，当年所造裕昆堂之砖雕块瓦片，当地窑厂整整烧了三年，里面的柱子需两个成年人合抱，可见规模之宏大。现存裕昆堂（图4-80）1 000多平方米屋基和门面。门楣上砖雕遗存所雕的砖狮、马形象灵动，做工考究。壁画人物八仙之汉钟离、曹国

图4-80　裕昆堂遗址

舅形象逼真，墙壁图案色泽瑰丽宛如新构。悠悠岁月，这些残存的记忆虽经百年风雨，至今仍为我们所熟知珍爱。

（五）青云庙

据史料记载，霞山有“三里一庙，五里一亭”的说法，仅从石撞岭到祝家渡的这段十里古驿道两侧便分布着十余座大小不一的寺庙。经过上千年的演变，霞山寺庙建筑风格逐渐向徽派靠近，而格局则为江南特有的“外亭内庙”的“庙亭”形式。随着岁月的流逝，大的寺院早已荡然无存，剩下的小庙作为游方和尚的落脚地，里半间为做功课的地方，外半间为过往行人避雨歇脚的凉亭，周围的小片土地无偿给寺庙耕种，而僧人则烧些茶水给路人解渴，这无疑是最为合理的安排。古人在建造寺庙的时候，位置的选择是极为讲究的，像青云庙这类规模较小的庙亭，既要安静清幽便于修行，又不能离村落太远以致烧香拜佛的人们不方便。石撞岭上的这座两百多年的老庙宇青云庙，近半个世纪无

图4-81　青云庙

图4-82　笔者考察青云庙的途中

图4-83　青云庙额枋上雕刻着“鲤鱼跳龙门”

图4-84 青云庙的斜撑的造型设计以浅浮雕如意雕刻着云纹图式

人打理，竟不显腐朽，不被虫蛀，被当地人传为神话。

这里建庙位置极佳，远望，可将整个霞山尽收眼底，是古驿道上歇脚处，古时过了青云庙，下百步石阶就是通往村子的小道，岩壁下马金溪蜿蜒而过，石撞岭上古木参天、葱翠繁茂。青云庙背靠山丘，是个藏风纳气的好地方。山庙整体呈“一”字三开间建筑，供奉着山神，昔日香火旺盛，“文革”时，因“破四旧”山神塑像损毁，从此香火败落。该建筑总体保存尚好，可惜牛腿全部被窃。额枋斜撑等结构与汪氏宗祠廊道式门面结构相近，风格一致。原先神庙为敞开式，后来为使建筑免遭破坏，在门厅砌2米多高矮墙。

第五章　工艺霞山

第一节　牛腿雕刻艺术

一、霞山牛腿雕刻艺术的历史成因

在霞山众多民居建筑雕刻艺术品中，最能体现建筑的灵气和精华所在的便是民居建筑艺术中的“撑拱艺术”，即俗称的“牛腿”。

霞山民居牛腿风格各异，品类繁多，集雄浑、大气、灵动于一体而成为霞山古民居建筑文化最为精彩的部分。霞山古民居的建筑装饰充分体现了当地的世俗情感和传统观念，丰富的人文思想贯穿始终。有人说“牛腿”是江南传统民居中一双亮丽的眼睛，笔者也非常认同这一观点。

“牛腿”是古玩市场上的俗称，北方地区叫“马腿”，其学名叫“撑拱”“斜撑”“托座”，是明清古建筑中的檐柱上方外伸的斜木杆，上加横木，以支撑挑檐的檩，挑檐檩的支撑往往采用四种办法：其一是斗栱，其二是挑头，其三是斜撑或撑栱，其四是牛腿。牛腿的作用有两个：一是加大屋顶的出檐，达到遮风避雨的目的；二是将上方的重力通过牛腿传到檐柱上，使建筑稳定牢固。

在明代初期，牛腿上面没有雕饰，其形状就像壶瓶的嘴，俗称“象鼻拱”。至明代中期，开始出现装饰性的阴刻曲线，继而慢慢出现卷草纹。随着时间的推移，逐渐出现浮雕、深浮雕、半圆雕等工艺，形状也趋向多样化，在霞山的众多明代建筑中能够清楚地发现其演化的历程。建于明代正统年间的爱敬堂牛腿（图5-1）可见一斑。

图5-1 爱敬堂云纹龙牛腿

后来，牛腿成为最能发挥雕工技艺的地方，花工越来越多，水准越来越高，难度也越来越大。至清代中后期，牛腿的雕刻达到鼎盛，艺人们往往熟练地交错运用浮雕、镂空雕、半圆雕、圆雕技法将其雕刻得灿烂如锦绣，在霞山，甚至一只牛腿得花上数十工、上百工，将形象雕刻得精美绝伦，使霞山牛腿成了浙西古民居木雕艺术文化长廊中的一朵灿烂的艺术奇葩。

霞山明清牛腿木雕作品中，既有粗犷大气的永锡堂牛腿，又有细致缜密的郑松如故居龙凤牛腿。两者雕刻内容均以人物故事、山水、花鸟、走兽题材为主题，与中国书画艺术的表现手法一脉相承。雕刻技法主要有圆雕、透雕、双面雕、镂雕、落地雕、阴阳雕等，把中国传统的历史故事、民间传说、神话、戏曲人物等在建筑构件中表现得淋漓尽致，成为华夏文化中一颗璀璨的明珠。在雕件之中，霞山的祠堂与民居牛腿构件尤为醒目，别具一格，极具艺术观赏性。限于篇幅的限制，此处仅以霞山最具代表性的牛腿做一分析。

二、霞山牛腿雕刻艺术的历史风貌

（一）缜密细致的郑松如故宅牛腿

中国历朝历代对建筑规格均有严格的等级制度和统一结构要求，对于建筑房屋的彩绘颜色也有严格的限制，如宋代有“凡庶人家，不得施五色文彩为饰”，明代也有“庶民居舍，不许饰彩色”的规定。牛腿的艺术风格同样经历了多次演变。郑松如宅（以下简称郑宅）大部分建于民国年间，其牛腿虽个头不大，但精工细作，如郑宅书斋的牛腿，因其用材上乘、雕刻精湛、具有写实主义

图5-2　郑松如故居书斋“鲤鱼跳龙门”

风格而著称，题材分别是“鲤鱼跳龙门”（图5-2）“朱雀祥瑞”“松鹤延寿”“梅兰竹菊”等。这组作品呈青灰色，长约60厘米，宽约35厘米，厚约12厘米。其中最为精彩的就是“鲤鱼跳龙门”了：龙身缠有梅花枝和云纹，鳞片装饰规整，身体婉转自如，有一条鲤鱼被龙的前爪牢牢地抓住尾巴，鲤鱼似乎在奋力挣扎，圆目斜视、张嘴欲脱，而龙则龇牙类最似乎还得意扬扬，形态生动逼真。在众多“鲤鱼跳龙门”的题材中，鲤鱼被龙爪抓住的情景还是不多见的。雕刻者刀法老练，匠心独运，传神地刻画了腾龙的神态。在天井北侧靠墙部位雕刻的“朱雀献瑞”，所雕朱雀身体正面朝着观众，单腿着地，尾羽贴地，头部回转，颈部用力弯转，形象自然，构图饱满。与南侧墙角“松鹤延寿”遥遥相对。

郑宅的后厅牛腿如“喜上眉（梅）梢”（图5-3），线质优美，体态生动，凸显绘画性特征。其他如“独占鳌头”“富贵牡丹”等作品不胜枚举。由于郑宅的“牛腿”大部分建成于民国时期，受西方雕塑艺术的影响，提倡“透视写实”“比例合理”等美术理念。

最值得一提的是与郑宅一墙之隔的中将宅正厅中一对着唐装的仕女牛腿，如图5-4“仕女”牛腿所示，在古时，妇人不得登大雅之堂，可郑锦琳将军宅院竟然有此牛腿，其观念的开放程度，令人称奇。这在整个浙西地区的古民居建筑中也是独树一帜的。郑宅的人物牛腿整体雕工纯厚，人物形象生动传神，画面构思巧妙，典雅含蓄，耐人寻味。是“牛腿”木雕中的上品，时代价值与欣赏价值极高。

（二）大气朴茂的永锡堂牛腿

永锡堂是霞山郑氏二房支祠，第二进大厅，两只近一米五高的牛腿（图5-5）威风凛凛，大气磅礴。只可惜其中一只已被盗。牛腿上半部为武将形象，身着盔甲，背插令旗，高冠长须，眉宇间透着威严，骑在一雄狮身上，狮子龇牙咧嘴，双腿抱球，双目圆瞪，其身左侧有一小狮滚绣球，侧伸倒挂。在武将的背后，藏有露出半身的小狮子，单脚搭在母狮的尾部。牛腿整体布局气势轩昂、线条流畅、形态逼真、构思巧妙，采用了圆雕、透雕、镂雕等手法，堪称霞山牛腿雕刻艺术的精品！

图5-3　郑宅后厅花卉牛腿“喜上眉（梅）梢”

图5-4　中将宅堂屋天井仕女牛腿

图5-5 永锡堂牛腿

明清时期，因自然人文环境的不同而形成了东阳雕和徽州雕等流派，徽州木雕和东阳木雕走向区域化。各地区的木雕既有差异性又有共性，民间艺术、传统艺术和外来艺术在创作中充分融合，雕刻技法日益丰富。清朝晚期，出现了“画工体”[1]和“雕花体”，前者从绘画中吸收养料，后者比较侧重雕刻的传统技艺，出现了混雕、漏雕、线雕、圆雕等多种技艺形式，有时各种刻法并存，造成多层雕的现象，大大加强了木雕的表现力度。永锡堂的狮子就吸收了“画工体”和“雕花体”之长，将内容和形式表现得淋漓尽致。

（三）铺华显贵的汪氏宗祠牛腿

汪氏宗祠主门牛腿（图5-6），高近1米，宽0.8米，厚0.2米，以镂空雕、深雕及高浮雕等技法，为仰视立体型“散点透视”法，独立式结构，左右各刻有文官、武将9名：武将在前，手执刀剑，勇猛威武；文官在后，手持奏板，儒雅贤德。各个形态逼真，表情自然，服饰雕琢华丽、细致。牛腿上方有“双凤飞舞”，并有“日”“月”二字，斗拱斜插，化为“二龙戏珠”，暗喻汪氏子孙后代“文武双全”“龙凤呈祥”“日月同辉”。只可惜“文革”期间，大部分雕像面部被铲，但形态依稀可辨，其铺华瑰丽的艺术风貌丝毫未减！

汪氏宗祠牛腿特点在于写意性与写实性的高度统一，它包含一定的写实因素，既符合自然形象的真实感，又抓住人物的本质特征，从艺术的意象上达到了真实。意象的表现不是按自然物象的结构、比例，而是依从主观知觉和经验体悟打破了比例透视的关系，通过某种“错误”的构图，正确地再现了物体，呈现出较具原始意味的装饰效果，反映在民间工艺上的装饰性上，是其美化艺术表现对象

---

〔1〕“画工体”讲究安排人物位置的疏密关系，人物姿势动态变化多而生动，景物层次丰富，又有来龙去脉，重叠而不含糊。画面设计与传统的中国画白描一脉相通，图案装饰丰富而有变化。艺术手法上，东阳木雕以层次高、远、平面分散来处理透视关系，并以中国传统绘画的散点透视或鸟瞰式透视为构图特点，也就是说，在一定的平面和空间范围内，它所表现出来的内容可以比西洋浮雕更为丰富，它可以不受“近大远小”“近景清”“远景虚”等西洋雕刻与绘画规律的束缚，充分展示画面内容。

图5-6　汪氏宗祠主门“文武双全”牛腿(现已被盗)

的重要手段，是中国传统造型艺术的共同特点之一。如后文中所示戏台额枋主牛腿，表现的是战马奔腾的战争场面，雕刻者根据牛腿的造型特点，以多层雕手法、满构图形式，大胆地对物象进行取舍，围绕主题需要，将战争场面生动地演绎在牛腿之上。采用简化和夸张虚构的手法，以达到“意、理、妙、趣”的艺术境界。

人物题材是汪氏宗祠“牛腿”的精华部分。其表现内容广泛，包罗万象，各具风采。整幢建筑遍雕戏曲人物，除此之外，民间常见的“独占鳌头”“八仙过海”“魁星点斗”“李杜诗仙”等内容的牛腿雕刻也在祠堂里尽显华章、各领风骚。中堂“槐里堂”前面临天井的两根柱子上曾经有一对硕大的牛腿，据当地村民说每只牛腿重达数百斤。牛腿分三层，镂空雕花，底座为威武神俊的张嘴狮子，脚捧镂空绣球，狮爪劲厉，雄风霸气。上层是花卉图案及戏曲人物，中层是花卉图案及戏曲人物，与戏台横梁上所刻的戏剧故事遥相呼应。然而惜已被盗。

（四）气势宏伟的老街四合院民居牛腿

四合院是霞山郑宝槐的宅院，是老街中心的一座保存完好的民居，分两进，外进为门厅，后进为正堂，中间有中门隔开，两进各有一天井，外进天井较小，以明瓦覆盖用于采光，内进天井较大，有木制滴雨、花岗岩柱础，堂前牛腿雕刻为“六畜兴旺”“五谷丰登、“鲤鱼跳龙门”和“凤竹交辉”，后两者是堂前正中最精彩的一对，即表达“龙凤呈祥”之意，通体采用圆雕和镂空雕技法。牛腿“鲤鱼跳龙门”中刻画的一条苍龙脚踩龙珠，从天而降，见首不见尾，其口吐飞瀑，一泻千里，两条鲤鱼奋力向龙嘴跳跃，欲成仙得道。苍龙所至，似风起云涌……牛腿“凤竹交辉”中刻画一对凤凰在竹林间穿梭、停留，窃窃私语。牛腿主体位置还刻有三层翘檐凉亭，竹叶相衬，瓦砾历历在目，刻法精微，于细节中见功力，于幽静处透出画面的美感。

四合院民居内还刻有常见的走兽类牛腿，以梅花鹿、大象、马等牛腿为代表。以其谐音来体现寓意，如大象表示“万象更新”“吉祥如意”等词语之意；“六六大顺”（图5-10）中，以梅花鹿象征长寿，“鹿”又与“禄”谐音，寓意高官

图5-7　四合院“鲤鱼跳龙门”

图5-8　四合院“凤竹交辉”

图5-9　四合院“吉祥如意”牛腿

图5-10　四合院“六六大顺”牛腿

俸禄，代表着财与福；而马为“马到成功”之意，等等。在堂前有一书条桌为樟木雕花，其上明八仙、暗八仙、花鸟草虫一应俱全，楼上还有一供奉神灵和祖先的佛龛，是徽派典型的内八字木结构建筑的缩影。

三、霞山牛腿雕刻艺术的美学价值

综观霞山牛腿艺术，雕工精湛、题材丰富、形式多样，霞山的牛腿艺术风格也经历了多次演变。其中，明代崇尚线条流畅简练、风格粗犷的纹饰，典型的有爱敬堂牛腿。至清中期变得繁琐，精雕细凿，流行密不透风的建筑风尚，如本文所述四合院牛腿。到民国时，又受西方雕塑艺术的影响，提倡透视写实、比例合理等美学理念，牛腿也出现“西化”，如郑松如故居牛腿。另外，由于受到地域文化和世俗情感的影响，木雕作为民间文化的一个具体事项，其表达着民情习俗、道德伦理、艺术观念和情感心态的精神内涵。在一般的商贾、暴富

图5-11 汪凤祥宅院“琴棋书画”牛腿

图5-12 “儒生”牛腿

图5-13 “八仙过海”

图5-14 “士礼”牛腿

图5-15 “状元及第”牛腿

图 5-16　“群贤毕至”牛腿

图 5-17　“暗八仙”牛腿

图 5-18　“如意云纹”牛腿

图5-19 “刘海戏金蟾”牛腿

图5-20 “寒山拾得”牛腿

图5-21 喜上眉梢牛腿

图5-22 狮雀牛腿

图5-23　王氏宗祠戏台戏剧牛腿

图5-24　民国时期的卷草纹牛腿

图5-25　瓶花牛腿

者的府邸中，其木雕表现较为直白，用意开门见山，一目了然。而进士、秀才、儒商的府第，其雕刻文化品位高，画面构思巧妙，典雅含蓄。

选择以民间木雕的艺术形式阐释文化思想，这是霞山人解读世界的特有方式，同时也丰富了浙西深厚的文化底蕴。民间艺术中祈求幸福、和谐的美好夙愿，以及人们根据自己的理想需求创造出的牛腿木雕的内容与形式，不断丰富着中国木雕文化的内涵。

第二节 槅扇、槛窗艺术

一、木雕槅扇、槛窗艺术的由来

中国古代建筑中的门很是讲究，根据用途不同可以分为殿门、山门、宅门、隔门、屏门等。其中殿门最为宏伟，宅门最讲身份，屏门和隔门最见精致。中国古代建筑以梁柱木结构为主，墙一般不承重，所以廊柱内柱与柱之间一般安装槅扇代替墙面。屏门一般作为屏风，用于室内分隔空间，这个功能一直被人沿用至今。

在《说文解字》中有“户，护也，半门曰户”，又有“一扇为户，两扇为门；在堂曰户，在宅为门”。户，这里不是指一扇两扇的门，而是指一扇一扇的户隔，俗称“槅扇”。槅扇，即落地的户扇，宋代称为“障水板”，有分隔内外之意，因而称为槅扇，而不称为门“窗扇”。槅扇是中国传统建筑中安装的若干可以采光通风和开关的户扇，其由外框、隔扇心、裙板及绦环板组成，外框是隔扇的骨架，槅扇心是安装于外框上部的仔屉，通常有菱花和棂条花心两种。槅扇玲珑剔透，多用在有钱人家府弟内，而寺庙、衙署不用。在一栋房屋的开间上，往往全部面积都做成槅扇门，一般做四、六、八等偶数扇。门扇向内开。因门扇等又名“装折”，多数可拆卸，在有大空间使用要求时，常将门扇拆下，使得室内与室外庭院打通成为一个大空间。槅扇的部分往往是一个架子，两旁竖立边挺。在边挺之间安装抹头。每扇槅扇可用接头分作上、中、下三段，即槅心、绦环板和裙板，上段的槅心，亦称花心，是槅扇上透明通气的部分，四周在边挺接头之内有仔边，中间有棂子，作为裱糊或安装玻璃的骨架。棂子的花纹或用菱花或类似的六角或八角的几何形，或用方格。槅扇的格心和裙板是槅扇最富有表现力和最有文化内涵的地方。[1]向庭院一面全部开敞，做成槅扇棂窗形式，是中国建筑所特有的门窗形式。刘熙《释名》曰："窗，聪也，于内窥外，为聪明也。"说明古人早已用木格的窗棂，并用透明的可看到室外的材料做窗了。

木雕应用于传统建筑的历史，可追溯到七千年前的新石器时代晚期，在商代已出现了包括木雕在内的"六工"。据《周礼·考工记》"梓人"篇载："凡攻木之工有七：轮、舆、弓、庐、匠、车、梓。"梓为梓人，专做小木作工艺，包括雕刻。战国时期，"丹楹刻俑"已成为宫廷建筑的常规做法。南北朝时期有关木雕的记载更为具体详尽。隋唐以后，雕刻已成为一种制度记载于《营造法式》中，并将"雕饰制度"按形式分为四种，即混作、雕插写生华、起突卷叶华、剔地洼叶华，按当今的雕法即为圆雕、线雕、隐雕、剔雕、透雕，明清时期又出现了贴雕、嵌雕等雕刻工艺，使木雕技术得到进一步发展。霞山的木雕槅扇、槛窗艺术集中汇聚了明清时期的不同特点，经过岁月的变迁，形成了具有浙西特色的艺术风格。

二、霞山槅扇、槛窗艺术的特色

霞山古建筑群承袭明清徽派建筑之精髓，其槅扇、槛窗精雕细琢、品类繁多，花格窗棂玲珑剔透，令人叹绝。霞山的槅扇是紧贴天井的左右厢房的天然屏障，是一字排开的花门。大部分民居隔门是向内开的，遇到婚丧嫁娶出入人多的时候，就可以将格心摘下，使里外打通成一片。

霞山槅扇结构分为四段，其中上部为上夹堂，一般采用镂空雕和深浮雕结合手法，雕刻的内容大体以花卉为主；中部为心仔，饰以形式多样的镂空图案，如井字嵌凌式、十字长方式、花节嵌玻璃式、灯笼嵌玻璃式、冰纹嵌玻璃式等，花心采用当时流行的意大利进口花玻璃和精细的镂空雕图案两种款

---

〔1〕梁思成：《清式营造则例》，清华大学出版社，2006年。

式，心仔布局奇巧、设计精致、形式多样；中间为中央堂板，刻以各式深浮雕作品，其内容大致分为图案、博古、飞禽、花草、人物、山水、屋宇、暗八仙等；下部大多采用为光面裙板，整个装饰显得落落大方又精彩纷呈。与徽派槅扇装饰相比较，霞山的槅扇没有了裙板的浅浮雕外饰，更注重对心仔的整体布局和中央堂板的精心创作。同时，徽派槅扇大多红漆描金，彰显富丽，而霞山承袭吴越派民居不施油漆，取木材天然纹理之风气，更显得朴素、典雅、简洁、大方。

《营造法式》中有云："《义训》：交窗谓之牖，棂窗谓之疏。"著名建筑学家张家骥先生在《中国建筑论》中关于槅扇有一段精彩的论述："在中国的庭院组合，不论大小，是围合还是封闭，绝无砖石结构建筑的院子那样，四壁环堵，封闭如牢笼之感。正由于这'绮疏青琐'，空灵而美丽的窗棂隔扇，使内外空间得以流通、流动、流畅，与无限空间的自然融合。在艺术上，是'以实为虚''化景物为情思'虚实结合的美学原则，是中国建筑艺术精神的所在……"

三、槅扇、槛窗的流派和表现形式

槅扇、槛窗是木雕艺术中最为重要的组成部分。窗棂槅扇不只具有门窗的功能，它体现了中国古代的空间观念，任何人为的有限空间都与自然无限空间相贯通。据史料分析，古代门窗木雕大致有三大流派：第一是东阳木雕，雕刻得比较浅，比较细致；第二是安徽徽派，雕刻由深到浅；再有一种就是福建永春雕，一般以人物、情节见长。

根据结构布局的不同，这里将霞山的槅扇、槛窗大致分为如下几种表现形式类型。

（一）槅扇设计

1. 冰纹嵌玻璃式

图5-26这组槅扇源自中将宅，是霞山民居中最为常见的款式。主人家历代来非常重视读书，冰纹喻示着"寒窗苦读""梅花香自苦寒来"，中堂板雕刻

图5-26 冰纹嵌玻璃式槅扇

着形式多样的博古图案，与书香门第的整体气氛相得益彰。

2. 灯笼嵌玻璃式

图5-27这组槅扇源自郑松如故居前厅的左右厢房的设计，其图案构成以灯笼外形为设计元素，结合卷云纹的结构造型，使整体布局呈现匀整、通透的艺术美感。

3. 卍字葵式

图5-28这组槅扇源自郑松如故居别院左右厢房的设计。其心仔图案以卍字为主要构成元素，以格心镂雕花瓶为中心，分三段进行装饰，雕饰有各类花卉如寿桃、菊花、兰花、梅花、蝴蝶等吉祥图案。主题突出，节奏感强，做工精细，不失为槅扇中的妙品。中堂板雕刻了一组浴马图形，雕刻手法精湛，以深雕结合线刻技术，画面形象自然神态生动传神。

图5-27　灯笼嵌玻璃式槅扇

图5-28　卍字葵式槅扇

图5-29 云纹花节嵌玻璃式槅扇

4. 云纹花节嵌玻璃式

图5-29这组槅扇源自郑严如故居内的左右厢房槅扇的设计。整副槅扇保存完整，心仔下端雕饰以两只展翅飞翔的蛱蝶以固定棂子，左右上下中间部位各镶嵌有两对花卉图形，雕工巧妙，线条流畅，花格对称，在匀整中富有变化。中堂板的雕饰更为考究，中间两块为人物深雕。

图5-30 云纹花节嵌玻璃式槅扇

5. 宫式万字嵌玻璃式

图5-31这组槅扇源自清末

图5-31 《对弈图》槅扇夹堂板与窗棂设计

图5-32 宫式万字嵌玻璃式槅扇

一民居的厢房的设计。整体布局围绕格心装饰，辅以局部小花点缀，最为引人注目的是四条圆雕小夔龙镶嵌在格心两侧，别致灵巧。中夹堂板雕饰着以博古为主题的浮雕图案，似将主人之意趣浑然其中。

6. 云纹花节式

图5-33这组槅扇源自百鸟出巢厅的厢房设计。因年久风雨侵袭、失修，虽半幅心仔已毁，然仔细赏观，其刀法娴熟、老道，于精微处显功力，仍不失图案的精美与空灵。尤其是当年留下的这块意大利进口玻璃，宛若新购！图5-34最值得称道的是多层镂雕花卉格心和镶嵌在其两侧的一对蝙蝠，雕造得惟妙惟肖，令人爱不释手！

（二）槛窗的设计

霞山的槛窗棂格以方形为主，其款式千变万化，布局强调纵向的通透和局部的点缀，强调整体节奏感和图案美。经过对窗棂的系统考察，这里

图5-33　云纹花节嵌玻璃式槅扇

图5-34　云纹花节蝙蝠式槅扇

图 5-35　宫字嵌玻璃棂格

图 5-36　步步锦棂格

图 5-37　山字云纹蝶花式棂格

图 5-38　十字蝙蝠人物格心式棂格

图5-39　十字花节式棂格

图5-40　藤径如意式棂格

图5-41　井字双花嵌凌式棂格

图5-42　井字蝙蝠嵌凌式棂格

图5-43　井字嵌凌式棂格

图5-44　卍字葵式万川棂格

图5-45　回字云纹式棂格

图5-46　套方铜钱式棂格

图5–47　书条川灯式棂格

图5–48　回字夔龙饰棂格

大致列举霞山几种比较有代表性的槛窗棂格，如宫字嵌玻璃棂格、步步锦棂格、山字云纹蝶花式棂格、十字长花节式棂格、藤径如意式、井字嵌凌式棂格、卍字葵式万川棂格、回字云纹式棂格、套方＋铜钱式棂格、书条川灯式棂格、回字夔龙饰棂格等款式，集中反映了霞山人民的创造力和审美情趣。

第三节 中夹堂板雕刻艺术

中国古代门窗艺术的发展源远流长，其文化内涵是一点一滴积累起来的。古人将情感寄托在门窗设计之上，使门窗在居住环境乃至建筑艺术中占据极为重要的地位。魏晋以前，门窗不求装饰；宋代是中国家具史中空前发展的时期，也是中国古代门窗装饰空前普及的时期，门窗逐渐被规范，实用与装饰并举；明清以后，门窗文化成为重要的建筑装饰艺术门类，充满了世俗意趣的人物故事和花卉禽兽成为装饰主题。工匠们不遗余力地发挥想象，发挥才智，致使门窗艺术千变万化，令人叹为观止。

中夹堂板是古代槅扇、槛窗上的重要装饰构件，建筑上也称条环板。根据张家骥《中国建筑论》关于槅扇、槛窗论述道："清式户扇上部为槅心，下部裙板的上下有条环板（夹堂板），而南方的户扇有三道夹堂板，槅心上（扇顶）有上夹堂，槅心与裙板间有中夹堂，裙板下有下夹堂（扇底）。"〔1〕霞山槅扇结构分为四段。其中上部为上夹堂，一般采用镂空雕和深浮雕结合手法，雕刻的内容大体以花卉为主；中部为心仔，饰以形式多样的镂空图案，中间为中夹堂板，刻以各式深浮雕作品，其题材丰富，雕刻精湛，内容大致分为人物、山水、博古、飞禽、草虫、屋宇、暗八仙等图案；下部为裙板，一般是不作雕琢的光板。

---

〔1〕张家骥：《中国建筑论》，山西人民出版社，2003年。

霞山中夹堂板是除槅心以外最富匠心的装饰构件。笔者通过对霞山整体木雕装饰进行分类梳理的过程中发现，霞山的中夹堂板雕刻艺术在继承传统工艺样式的进程中，有其自身的独特艺术魅力。其精湛的雕刻技艺、丰富的人文内涵、品类繁多的纹饰造型。其深厚的历史文脉从一个个小小的侧面反映出先贤们儒雅的艺术品位和审美意趣；其精巧的形式语言，将浙派木雕艺术无论在题材、语言、形式构成等方面，演绎得淋漓尽致，入木三分。

一、“霞峰八景”显历史光芒

霞山木雕堂板除了承载着民俗传统风格，内容还涉及儒家文化的中庸、礼让、忠义等，上有人们喜闻乐见的人物、花鸟、山水、草虫、吉祥图案等。同时每件具体作品的形式、风格、审美趣味、工艺技法上，又有它们独特鲜明的造型风格。

最为精彩的是郑松如故居前厅槅扇的中夹堂板，雕刻着一组“霞峰八景”图（其中一块“青云岭峻”已损毁无考），据当地老人们介绍，这是古霞山真实自然景观的写照。

“蓝峰插笔”是最具代表性的一幅作品。古八景诗云：“一支突兀欲书天，峭倚层峦霄汉间。五色彩云纷烂漫，醉眸浑作笔花看。”画面中马金溪蜿蜒曲折，群峰兀立，层峦叠嶂，气势连贯，一头华南虎，虎爪前搭、低首弓背，雄踞山崖，威风凛凛。雕刻者阴刻、浅浮雕、薄肉雕和镂空雕等手法巧妙结合，构图不受透视法则的约束，不强调纵深的真实感，讲究的是疏密匀称，对比均衡、穿插联结，紧凑结实，故将方寸之地，表现得活灵活现，生动自然，足见雕刻之精妙绝伦，雕造手段之高超，是中夹堂板雕刻中难得的精品。其余“翠嶂列屏”“绿野耕耘”“丹山拱秀”“碧潭钓月”“元水流青”“紫雾岩深”等所雕图形惟妙惟肖。

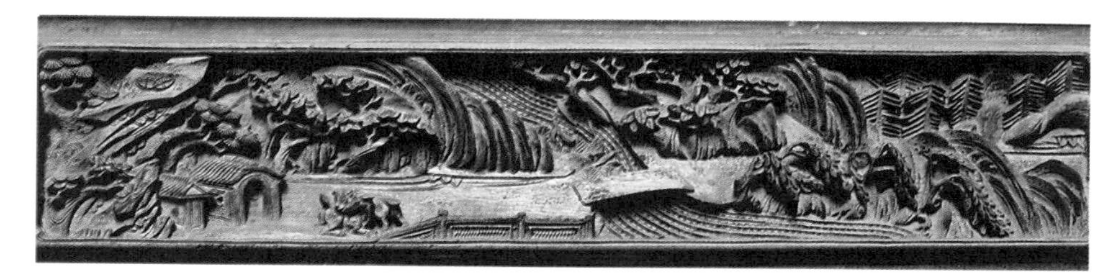

图5-49 “蓝峰插笔”

图5-50 “翠嶂列屏”

图5-51 “绿野耕耘”

图5-52 “丹山拱秀”

图5-53　“碧潭钓月”

图5-54　“元水流青”

二、素净古拙，扬百年风华

霞山的中夹堂板艺术，以素净古朴的材质，承袭浙派木雕多不油漆、不上色，暴露木材的自然质感与纹路的风格，流露出木雕艺人真实的刀法技巧。这使木雕亲切平易，质朴随和，或栗、或褐、或灰的本色朴素沉稳，与清淡素雅的白墙黑瓦相映衬，是“布衣白屋”思想的外化。另外，霞山木雕的用材一般采用的材质经久耐用，纤维韧绵流畅，并具有相应的色彩、肌理效果。由于霞山多丘陵山地，古时森林资源丰茂，木雕所需之樟、枣、松、柏、杉、楮、枫、檀等木皆可就近取之，适应不同用材的需求，因而百余年来，历经沧桑，霞山木雕的画面却越加显得苍郁与深沉。

三、题材丰润，融万物精华

霞山的中夹堂板艺术，还以题材丰富、构思精巧而著称。笔者将霞山的中夹堂板根据其不同题材，大致分为几种类型：

1. 山水风景类

霞山人寄情山水，这也是中国历代文人的一种嗜癖。庙堂江湖之福祸得失，均可在山水之间找到寄托。或远山近水，或一水两山，这些典型的明清山水画的布局在门窗浮雕板上均可寻到踪迹。在清代使用山水作为门窗装饰的为数不多，原因是山水画为文人较高层次的追求，而常人则认为过雅而不悦其目，故弃之。但或许是霞山人因山而居，因水而聚的缘故，有识之士将自然景观移居宅院，以小观大，融山水与居室文化于一体。

2. 人物神仙类

霞山人物类堂板雕刻大都采用具象的表现手法，但造型上则大胆夸张，特别是那些头大身小的人物，人大房小的衬景，夸而有节，变化适度。刻画人物不着意雕刻五官表情，也不拘泥于人体各部位的长短比例，而着意表现人物动态的传神写照，突出造型的稚拙、质朴、洗练、明快感，在具象的形体中注入了抽象因素，活跃的、夸张乃至幽默的动势，使形象充满生气。在构图上，往往把不同的场景和人物，或者一曲戏一个故事的几个情节组合在一个画面，配以图案纹样，注意虚实主次、线条分割、层次节奏的处理，追求画面结构的严谨与变化，构图的饱满与均衡。

“高士对弈”堂板雕刻，画面主要刻画一长须老者手持拐杖，半坐石椅，手执棋子，气定凝神，神态自若，与一仕人打扮者从容对弈，仕人手托长须，身体微侧，神情专注。村舍荫翳，树木如盖，石板小径，穿行于房舍与乡间，或藏或露，富有透视变化。老者背后有一侍从，手端茶具正欲迈步靠近，仕人之坐骑正回眸注视着主人。整个画面章法自然、顾盼生趣、形象刻画富有生活气息，独具匠心。霞山人物类堂板题材虽数量不多，但就其艺术造诣和造型品质而言，已属上乘。

“飞马捷报”堂板雕刻，一官差打扮者，右手执缰绳，左手扬鞭，疾马飞驰，一高士居屋内，脸朝门外，手扶琴弦，胸有成竹，一侍从手成剑指，立于左右，目

图5-55 “高士对弈”

图5-56 “飞马捷报”

光对着骑马人物，神情专注，似候驾接风。后面屋舍溪流、草树掩映，点、线、面安排得当，黑、白、灰层次分明，所雕画面层次足有六七层之多，井然有序，俨然是一幅活生生的市井生活的写照，充分展现了古代匠人的聪明才智和艺术才华。

3. 博古杂宝类

历朝历代生活上富足以后，都对先人的历史遗存感兴趣。最典型的是北宋、晚明、乾隆三个时期。博古图案大同小异，只是因个人喜好不同，侧重点不一样罢了。青铜、古玉、陶瓷、象玉、犀角等，都是博古题材。另外，七珍、八宝、九章、八吉祥、暗八仙等，这些都属博古杂宝题材。霞山的博古图案除承袭徽雕、赣雕、浙派典型博古样式外，更注重意趣的发挥，世俗生活的真实画卷，使霞山的博古题材突破了徽派图案化、样式化的题材范畴，充满了生机与情趣。

4. 花鸟草虫类

花鸟草虫雕饰内容大多为传统的岁寒三友(松、竹、梅)、四季花卉、鹤鹿回春、灵仙竹寿、福在眼前、富贵满堂等,题材主要是花草禽鸟,并由此组成富于文化蕴涵的内容。如“荷塘鸳鸯”既暗喻了荷花出淤泥而不染,濯清涟而不妖的高洁品质,也表现了鸳鸯忠贞不二的爱情。又如“梅兰双清”,以梅兰比喻坚贞不屈的崇高品性;“富贵满堂”,以牡丹花、海棠花构图借喻高贵富庶;“松鹤延年”,以松枝仙鹤隐喻延年益寿、富寿绵长;以蝙蝠、寿桃及缠绕枝蔓的图案会意福寿久长,等等。在这种大面积的透雕中,时或加进贝螺嵌雕等工艺,使画面更加多彩俏丽。

图5-57　霞山中将宅中夹堂板(1)

图5-58　霞山中将宅中夹堂板(2)

图5-59　“荷塘鸳鸯”

图5-60“梅兰双清”

四、技法精练，博众家之长

我们根据雕刻技法不同，将霞山夹堂板大致分为如下几类。

线雕：这是用刻刀直接将图案刻在木构件表面的雕法，工艺类似刻印章中的阴文刻法，其效果有如国画中的工笔画，比较平滑细腻。

阴刻：是将图案以外的地子全部平刻下去，以烘托出图案本身，这种刻法多用于回纹、万字、丁字锦、扯不断等装饰图案。

落地雕：落地雕在宋代称作剔地起突雕法，是将图案以外的空余部分（地子）剔凿下去从而反衬出图案实体的雕刻方法。落地雕不同于平雕，它有高低迭落，层次分明。如“兰叶戏蝶”堂板雕刻所示。

图5-61 “兰叶戏蝶”

圆雕：圆雕亦称混雕，是立体雕刻的手法，首先要画样，并根据图样尺寸备料、落荒（做出大体形态）、再将落荒形修正至近似造型所需形状，然后在表面摊样

图5-62 “松竹”

图5-63 “博古花瓶”

图5-64 “双鱼嬉柳”

(画样子),再按样子进行精刻、细刻,最后铲剔细部文饰。如“博古花瓶”堂板雕刻所示。

总之,一把钢铁之刀可凿雕出万般风情之线,在刀与木之间变奏出诸种说法:浮雕、圆雕、透雕、线刻、阴雕、镂空双面雕、锯空雕。霞山木雕往往施于建筑物的明亮部位或行人出入留驻观瞻方便之处,设计构思的整体性使得木雕在雕饰题材、表现形式、技法上都有明确的创作趋向与构思。整体与局部、主体与一般、人物题材与其他题材,皆因屋主的心理需求而有总体的选择分布。痴戏者多雕戏曲故事;为官者多取仕进题材;经商者所雕有关福禄财运,文人雅士则以含蓄之儒道题材施之。

第四节 额枋雕刻艺术

霞山的额枋雕刻虽不及安徽宏村承志堂额枋上的“百子图”“郭子仪拜寿”“宴官图”那么恢宏、华丽,但是其精彩的造型、立体而独具圆雕风格的构成要素仍然会给我们的视觉带来不少的冲击。霞山的额枋雕刻是除牛腿之外最为传神的载体。霞山的额枋雕刻的主要部位集中在中心和两端。就其内容题材主要有两种类型:其一,人物型;其二,花卉鸟兽型。就其雕刻程度而言可具体分为通体雕刻型和局部雕刻型。而人物雕刻的内容一般集中表现为历史典故、戏剧场景及福禄寿等，在雕刻手法上强调运刀的洗练、流畅，人物形象饱满、圆润，动态多变，且注重对环境的刻画，充满生活气息，极具人性化特征。由于额枋的特殊结构优势，其雕刻作品大多呈现出手卷式的构图形式，画面场景开阔，人物可根据情节内容采取舒展的层次结构布局。这种构成形式在永锡堂戏台额枋等上面得到了充分的展示。“戏剧人物”额枋雕刻画面中共有21人，以中心人物为主轴呈对称排列，人物唱、练、坐、打，有板有眼，据屋主介绍，人物头部因“文革”遭损毁，然而逼真的动态语言、富于感染力的服饰造型，仍然将观者带进了一曲武打戏的做派之中，令人浮想联翩。“张松献图”是表现三国时，刘备伺机入蜀，张松受刘璋所谴，怀揣《巴蜀川防图》前往曹操部献图，曹操非常傲慢，以貌取人，最后张松献图未成，反遭曹操毒打，张松愤而回蜀，途经荆州刘备属地，受到刘备君臣夹道欢迎，待为上宾，张松有感于刘备的宽宏仁义，最后将《巴蜀川防图》献于刘备。由于蜀地道路崎岖、山势险要、关隘重重，得到此图后为刘备顺利入蜀奠定了情报基础，从此刘备以蜀地为基业，开三国鼎足之势。“张松献图”为刘备君臣在专心看图时的人物场景写照。前排左侧歪着头撩衣服者为张松，最中间托胡须者乃是刘备，从人物的动态描写到神情刻画，雕刻者将刘备安排在最核心的位置，将他展看《巴蜀川防图》时的那一刹无比得意与欣喜之情表现出来，刻工以极为高超的雕琢技艺和审美表达，紧紧围绕着不同人物的内心世界的刻画，使得画面中人物形象个个庄重得体、栩栩如生、惟妙惟肖。通过对刘备手下的官员们或听、或看、围成一堆，充分发挥了手卷式构图的优点，将所有人的视点都集中到以图为中心的焦点上。加之人物众多、保存完好，这组雕刻成为霞山额枋雕刻艺术中的上品佳构。

图5-65　额枋结构图绘（丁美君绘）

图5-66　“张松献图”额枋

图5-67　“戏剧人物”额枋

图5-68　霞田一中汪定老师祖屋的额枋

图5-69　郑松如故居额枋结构

图 5-70　通身雕刻的额枋

图 5-71　汪氏宗祠戏台额枋

图 5-72　永锡堂戏剧额枋“校场点兵”

图5-73　霞山民居天井额枋结构布局全图

除了以上精彩的额枋雕刻外，支撑额枋的雀替雕刻工艺也是继牛腿、额枋之后又一精彩的艺术表现载体，其大量的人物、花鸟形象为额枋的两端装饰锦上添花。霞山的梁托装饰很有特点，造型上题材丰富，既有人们喜闻乐见的动物，也有各类博古花卉及戏剧人物造型等。

在五千年的中华文明史上，庄严巍峨、金碧辉煌的宫殿楼台、寺阁庭院固然代表了当时的文明顶峰，但散落在民间的无数普通的院落和民居，同样是每个时代文明的基石。正是它们建构了令人惊叹的繁华盛世，支撑起绵延不绝的古代文明。它们也是我国数量最多、文化内涵最丰富的遗产种类，凝聚着文明基因与历史信息，最能唤起人们对传统与历史的回忆。然而，随着经济的发展和现代化进程的挤压，古民居承载的文明记忆正在逐渐褪色——它们或者被人为拆毁；或者因无人管理，日益破败而消亡；或者被改造得面目全非，支离破碎；或者被异地搬迁重建，离开了自己脱胎的水土和环境，所携带的历史

图5-74　四合院民居额枋与雀替

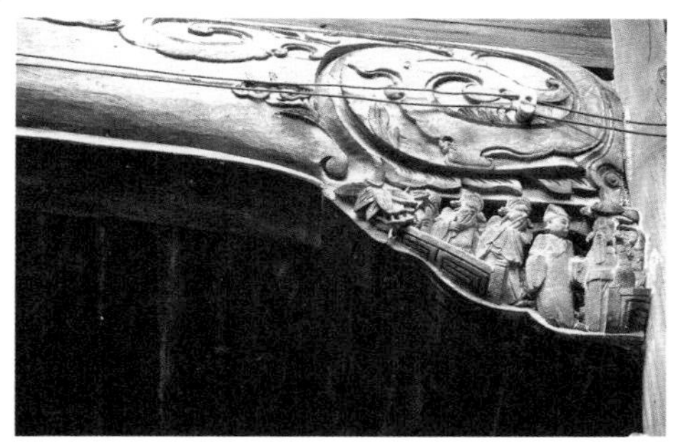

图5-75　霞田一中汪定老师祖屋的戏剧人物雀替雕刻

信息被大大削弱；即使那些幸存下来被重新利用的，很多也只是具有简单的建筑外形，而失去了承传文化与精神的内涵。

第五节　民居门楼雕刻艺术

门是居住在室内与外界的入口，它是民居建筑中不可或缺的组成部分。门在中国人的传统观念中，处于非常重要的地位，它的设置不但与身份、等级等有关，还常常与风水有关。在风水理论中，门是宅子的咽喉和沟通建筑内外的气道，门上接天气，下接地气，还关系到聚气和散气，所以门的位置的选择和建造，涉及房屋总体布局的成败，也关系到住宅内居住者的吉凶祸福。

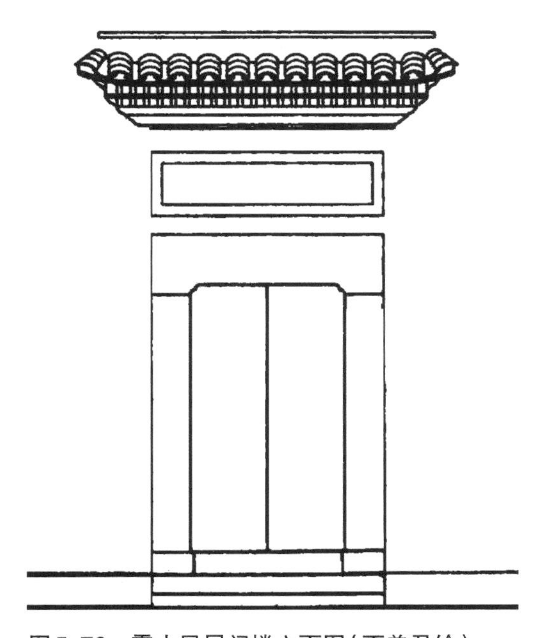

图5-76　霞山民居门楼立面图（丁美君绘）

霞山的门楼装饰与形制构成

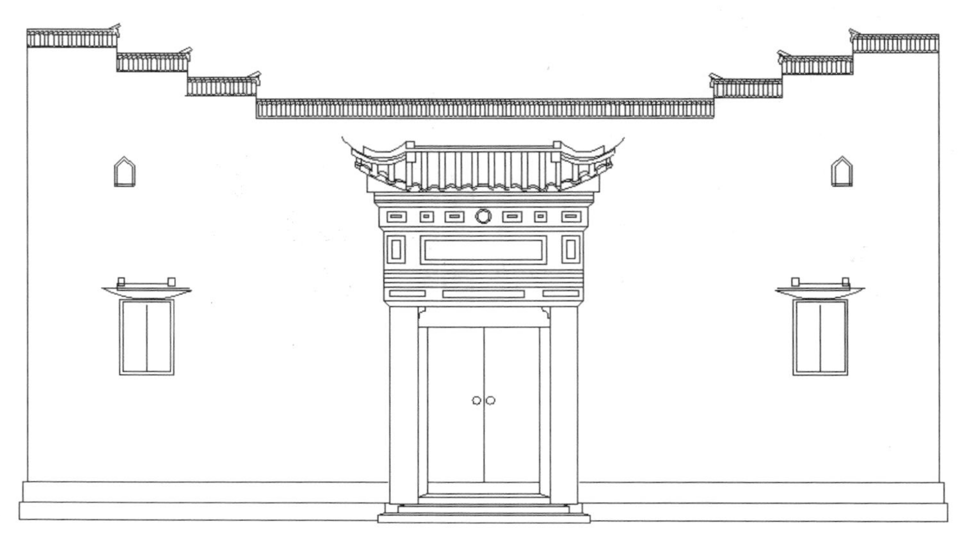

图5-77　郑松如故居门楼立面图（丁美君绘）

图5-78　人物、暗八仙砖雕门楼

主要承袭徽派建筑门楼的特征，在挑檐制作、工艺材料的运用上与徽派砖雕门楼一脉相承。但是霞山最具特色的是挑檐上的兽面瓦当的运用，霞山的兽面瓦当将整个挑檐的体积感表现得更为立体。在表现手法上也更为灵活，大致以砖雕和壁画素绘两种形式为主；在制作手法上采用三层或多层并置的结构；在题材上有人物、花鸟、楼阁、山水、暗八仙等图案；在思想上主要反映市井平民的农耕生活，企求神灵庇护保佑，民间的忠、孝、节、义等思想内容等。题材广泛、内容丰富。

图5-79　霞山狮面瓦当檐首

比较霞山与西递徽商在门楼建筑装饰中的差异，同为徽派风格的建筑砖雕，西递的砖雕门楼位

图5-80　门楼砖雕局部

图5-81　石库门砖雕门罩深得徽式门楼之精神

图5-82 完整的霞山砖雕工艺门楼

图5-83 门楼砖雕局部

图5-84　以鲤鱼为主题的门楼，突显主人希望“年年有余”的美好祝愿

图5-85　过廊圆门

图5-86　形式多样的兽面檐首

图5-87　墙绘蝙蝠门楼局部

图5-88　墙绘门楼

图 5-89　霞山民居门楼上有悬挂镜子以辟邪的习俗

图5-90 霞山人家的侧门很多都设计成半圆

图5-91　木门

图5-92 一抹斜阳下的大门

于宅院大门处，外观华丽，图形繁琐，注重层次的变化和门楼气势，以显示家族的显赫与富有，而霞山的砖雕在外观上相对比较灵秀，图形运用上显得简朴，大量的素绘图形门楼的出现进一步说明了霞山先民在审美趣味上有向绘画的转移的倾向。这是建筑装饰反映了不同地域之间的文化倾向的变化。建筑砖雕门楼在整个建筑空间中不仅仅是一种装饰，更是显示家族兴旺与家族凝聚力的符号，因而建筑装饰中都所体现出的是一种外向的“显”。

第六章　展望霞山

十年经济发展中，古老的霞山文化在村民的违拆中一点一点地被蚕食，霞山古村落的快速消亡不得不让我们为之惋惜与警醒！中国著名建筑师梁思成先生把建筑比作是“历史的界标”。古村落保护专家、清华大学教授陈志华先生曾经就古村落的现状与保护说过这样一段话：“最近十年来，乡土建筑毁得甚为严重，有的村落我们第一次去还好好的，下次去就完全消失了。古村落保护好坏，跟经济发展没有直接关系。像温州很有钱，但当地很多的古村落被弄坏了。西北有些地方很穷，但村子却保护得很好。西方国家的村子、城镇能保护得很好。我专门了解过，他们开始做也遇到很多困难，他们的私有权允许拥有者随便怎么处理房屋财产，但他们通过宣传来提高文明程度，自觉保护文物建筑。要是谁想拆老房子，亲戚邻居就会觉得这个人不文明，所以他们不会随便拆。保护乡土建筑最大的价值就是文物价值。”

笔者通过从实地考察、资料调研和图像分析等方式入手，考证霞山传统建筑样式在浙西地区的实例表现，并深度挖掘霞山古村落遗留古建筑群价值预期，对传承浙西源远流长的吴越建筑文化体系有着实证的意义。霞山村古建筑群在生态环境、地域特色、营造构思、建筑样式、装饰图像等所突出的人文精神，都对当下的设计思想建构有着重要的借鉴价值。文物保护的重点应放在民居建筑方面，对现有的民居建筑群落应进一步加强保护，不乱拆、不乱建，对于一些漏雨和即将倒塌的有价值的房屋应及时盖瓦补漏,以免潮湿腐烂。对霞山汪氏宗祠、郑氏宗祠、永锡堂、郑松如故居、钟楼、将军宅、百鸟出巢厅、老街四合院等一批保护价值高的建筑是重中之重,特别是有艺术价值较高的门楼建筑,要进行抢救性保护。对以上重点民居建筑的照明及生活用电线路要重新统一安装,保证用电绝对安全,为防虫蛀要对整个建筑木板墙面及柱头刷清漆或打蜡,绝对不能刷有色油漆,以免进一步破坏建筑古朴庄重的整体色调。

保护和挖掘其文化背后的时代信息是我们的责任。民族文化、民族艺术要永放光芒,需要每个人去呵护、去传承和发扬,古老的文明有着自己的叙述方式和手段、造型与寓意、色彩与感情。

"尊重历史,尊重环境,为今人服务,为先贤增辉"的文物精神是本书的出发点,文物建筑作为重要的文化载体,对无形文化遗产的传承起着重要的作用。一个古镇的历史文化遗存是古镇的来源和根基,诉说着古镇的过去,带给居民深深的地域认同感和自豪感。这种情感上的吸引和认同是整个地域生命力与凝聚力的重要来源,在当代强调地域人文属性的精神建设中起到重要而不可替代的作用,并在很大程度上能影响古镇的文化面貌以及它在民众心目中的地位和形象。历尽沧桑的古建筑犹如阅历丰富的老者,默默地诉说着一个古镇、一群人过去的故事,让人们感受宁静而悠远的生活氛围,尤其是对于曾经从农村迁徙到城市中生活,在节奏紧张而忙碌的都市中的现代人是极其重要的,现代城市的生活已经大大割裂了人们与故土的交流,宗族的认同在淡化,生活的方式在改变,价值观念在更新,原有生活元素在消失,原生态的乡土记忆在淡忘……一个原生态的古民居可以让人们从中感受到先人的生活,回忆起童年的乐趣,代代相传,薪火不断,从而使生活在古镇中的传统能够一直得到保持并鲜活地展现给外来者以及后人,持久地延续下去。古镇中的历史文化遗存能引领人们去思索和追溯。因此,如何合理地保护与利用古建筑是当今古建保护和开发中的重点问题。

在过去的几百年中，霞山古建筑风格要素中的地域融合特征是文化杂交的直接结果，商业贸易的流通促成霞山在那个时代中形成了独特个性与风貌，农耕文明社会的生产方式和流通方式彰显了古驿站的功能与作用，封闭的地域商圈和自古形成的农耕自足自给的自然经济状态的相互影响，给浙西这个山区小镇——霞山带来了如今的面貌。其背后也反映了深刻的文化的悖论与自觉的矛盾，原先所具有的活力，演化成为如今的一种原始、封闭、安身立命所带来的落后的文化基因，并长期制约着霞山人的创造力的发挥，这样一种文化生态的繁衍也影响了现代文明成果的创立，这种传统与现代的碰撞需要人们冷静地对待，纵观现实的霞山的人文环境，其破败、保守的文化观念严重制约着新兴的市场经济的发展，其保守与排他性也是历史的局限和环境的制约，作为一个区域案例值得人们深思。

古村落以稀缺的、不可复制的、历史遗存的、经典而传统的文化符号之形态超越了一般村庄的价值意义，古色古香，自然景观与文化遗迹相互融合的非凡魅力，引导村民对古民居进行原生态保护和开发，从而可以大大拓展传统村落的社会认知度和传统（非遗）文化的保护力度。我们要明确传统村落的文化价值：传统村落文化是中华民族文化的重要一部分，既要提倡保护，保护也要有措施、有法则和科学。保护是传承的目的，措施与法则是保护的基石。我们既要有“再造”魅力传统村落的意识，“营造”独具地方传统文化特色的“社区氛围”，也要依法构建良好保护秩序，这有利于保护传统村落的文化体系建设。要构建安全、有效、健康的传统村落文化保护秩序，必须坚持“传承、创新、特色、协调、共享”五大发展理念，大力加强传统村落“非遗文化”保护与建设。

在考察霞山的几年间中，笔者深切地体会到，当下最为原生态的古代农耕文明与现代文明在相互的冲突中，被现代文明一点一点地蚕食，变得那样的千疮百孔，这固然是历史进程的无情，但更多的是人们在无奈中的一种非理性选择，事实上，在周边浙西衢州的江山廿八都、兰溪诸葛村等的民居村落保护与开发中就有很成功的案例，政府部门的引导起着非常关键的作用。霞山这么一个具有极高保护价值的古村落，在渐渐化为一栋栋钢筋水泥的城堡，霞山那千百年来的柔情与灵性在逐渐消失，古霞山所具有的质朴与内秀被现代化生活一点点地消磨。这就是一个真实的边缘山区小镇的生活变迁。

古宅不仅承载着一段悠远的历史和情怀，更有效地将本民族传统精神与特色文化的有效内容继承下来，对待霞山古建筑首先要充分地尊重原有场地、原有建筑，保留体现原建筑的历史价值，在此基础上创新、腾笼换鸟；其次做到空间调整：包含外部空间的优化与重组、内部空间的充实与置换、新业态的植入、新旧功能的转化、空间的转化；其三处理好"新与旧"的关系，修新如旧、修旧如新。在运用古民居文化资源的创新上，如何将丰富的文化内涵与形式语言转化成当代文化，笔者认为霞山古镇民居文化保护更应该站在批判与吸收的立场上做到以下四点：第一，传统形式的当代应用，第二，技术运用与手段现代，第三，生存经验与当下关联，第四，传统与当代文化意识的共存。霞山的保护还应该确立"建筑文化遗产保护与村落生态可持续发展"的理念，设计新的村落规划保护方案。

传统古村落有着悠久的历史、浓郁的风情和独特的建筑空间环境，充满着迷人的魅力，在世界文化遗产中占有十分重要的地位。笔者从2003年起开始关注霞山古镇，其精湛的营造智慧，质朴的民风民俗承载体与霞山当地丰富的自然景观资源和朴茂的人文环境共同营构了一个意趣天成的农耕文化景观。时至今日，当初那个古貌浓郁，土墙黛瓦的霞山已经淹灭在四方小洋楼的所谓"现代小镇"的去"破旧化"改造的浪潮中，哪怕到今天，也没有多少霞山人真正理解和懂得多年前的霞山有那么高的历史保护价值和学术价值。如今霞山这个边陲小镇逐渐消亡的命运，正是千千万万个历史古镇消失的又一个实例。

本书努力记录了霞山的一些旧照，将一些残存文本记忆留给读者。从长远发展看，保护古村落、古建筑群等历史文化遗产，其实也是在保护一个地区持续发展的生产力。

图6-1　在碧绿的马金溪中浣洗的妇女

图6-2 穿梭于老巷里的青年

图6-3　厕所边上摆放的农具

图6-4　鱼篓

图6-5　农具

图6-6　老风车

图6-7 平车、打稻机

图6-8　准备造新房扎钢筋的师傅

图6-9　传统的木匠工艺在老木匠专注的敲打中在延续

图6-10　木工工具

图6-11　木结构隔板厢房

图6-12　晒谷子

图6-13　笔者与霞田汪氏传人汪定老师一起悉心呵护《汪氏宗谱》

参考文献

一、历史典籍

1. 槐里堂·《霞山汪氏会修宗谱》谱首。

2. 槐里堂·《霞山汪氏会修宗谱》卷一。

3. 裕昆堂·《郑氏宗谱》谱首。

4. 裕昆堂·《郑氏宗谱》卷一。

5. 明德堂·《郑氏宗谱》卷一。

6. 范玉衡修《开化县志》木刻本。

二、著作资料

1.《开化县志》,浙江人民出版社,1988年。

2.《开化县文化志》,浙江人民出版社,1989年。

3.《中国会馆志》,方志出版社,2002年。

4. 徐宇宁:《衢州简史》,浙江人民出版社,2008年。

5. 陈峻:《乡土中国·衢州》,生活·读书·新知三联书店,2004年。

6. 王其钧:《中国传统民居建筑》,香港三联书店,1993年。

7. 王其钧:《中国民居三十讲》,中国建筑工业出版社,2005年。

8. 张家骥:《中国建筑论》,山西人民出版社,2003年。

9.《中国戏曲剧种大辞典》,上海辞书出版社,1995年。

10. 陈志华、楼庆西、李秋香:《新叶村》,河北教育出版社,2003年。

11. 鸿宇:《中国民俗文化・堪舆》,中国社会出版社,2004年。

12. 张良皋:《匠学七说》,中国建筑工业出版社,2003年。

13. 汪双武:《宏村・西递》,中国美术学院出版社,2005年。

14. 潘鲁生:《论中国民间工艺美术》,北京工艺美术出版社,1990年。

15. 罗德胤:《清湖码头》,上海三联书店,2009年。

16. 罗德胤:《廿八都古镇》,上海三联书店,2009年。

17. 赵世瑜:《小历史与大社会:区域社会史的理念、方法与实践》,生活・读书・新知三联书店,2006年。

18. 陈凌广:《浙西祠堂》,百花洲文艺出版社,2009年。

19. 张奇、刘宏:《徽雕艺术细部设计》,广西美术出版社,2002年。

20. 施旭升:《艺术之维》,北京广播学院出版社,2002年。

21. 黑格尔:《美学》(第一卷),商务印书馆,1979年。

22. 翁云翔:《江南老房子》,杭州出版社,2002年。

23. 梁漱溟:《中国文化要义》,学林出版社,1987年。

24. 张驭寰:《古建筑勘查与探究》,江苏古籍出版社,1987年。

25. 张海鹏、张海赢:《中国十大商帮》,黄山书社,1993年。

26. 范金民:《明清江南商业的发展》,南京师范大学出版社,1998年。

27. 宋・李诫:《营造法式》,中国书店出版社,2006年。

28. 梁思成:《中国建筑艺术二十讲》,线装书局,2006年。

29. 楼庆西:《乡土建筑装饰艺术》,中国建筑工业出版社,2006年。

三、论文资料

1. 陈凌广:《浙西霞山百鸟出巢厅木雕艺术研究》,浙江艺术职业学院学报,2009年3月。

2. 陈凌广:《浙西祠堂建筑门楼装饰艺术研究》,《文艺研究》,2008年6月。

3. 陈凌广:《浙西民居建筑文化精粹——霞山撑拱雕刻艺术研究》,《美术研究》,2008年3月。

4. 陈凌广:《浙西民居建筑文化——霞山中夹堂花板雕刻艺术研究》,《浙江工艺美术》,2008年3月。

5. 陈凌广:《浙西霞山郑宅木雕艺术研究》,《装饰》,2007年1月。

6. 陈凌广:《浙西古民居人文特色——霞山祠堂建筑文化略论》,《家具与室内设计》,2006年12月。

7. 陈凌广:《浙西古民居建筑文化——霞山隔扇、槛窗艺术》,《浙江工艺美术》,2006年4月。

8. 常建华:《明代宗族祠庙祭祖礼制及其演变》,《南开学报》,2001年3月。

9. 钱宗范:《试论姑蔑文化与楚、吴、越文化的关系》,《广西师范大学学报》(哲学版),2005年3月。

10. 陆峰:《徽州古民居设计的艺术特征及其成因研究》,《美术大观》,2007年4月。

11. 祝碧衡:《论明清徽商在浙江衢、严二府的活动》,《中国社会经济史研究》,2000年3月。

12. 陈学文:《明清时期龙游商人》,《浙江学刊》,1990年4月。

13. 中潜:《"开衢首宦"郑平其人其事》,《衢州晚报》,2009年1月10日。

14. 王其全:《中国古代饰物考》,《浙江工艺美术》,2004年3月。

15. 陆小赛:《浙西地区古代建筑平面布局及装饰特色》,《室内设计》,2005年3月。

16. 陆小赛:《木材在浙西地区古代室内装饰中的应用及传统文化初探》,《家具与室内装饰》,2005年9月。

17. 陆小赛:《传统礼制下的古代建筑木雕装饰审美》,《装饰》,2006年

9月。

18. 郑曦阳:《苏州西山仁本堂建筑雕饰艺术的文化特征分析》,《艺术百家》,2008年2月。

19. 何蔚萍:《孔家南迁,衢州成为商业文明的发祥地》,《衢州晚报》,2007年12月10日。

20. 王有信、齐忠伟、王青阳:《钱江源头,聆听一个古老的梦》,开化门户网站——旅游频道,2008年5月30日。

21. 汪维诺:《霞山村:郑利岳》,浙江在线,2007年10月9日。

22. 吴德良:《朱熹与霞山》,古今开化网,2010年1月3日。

后　记

《古埠迷宫——衢州开化霞山古村落》是浙江省哲学社会科学规划办于2014年6月立项"后家族时代"浙江祠堂建筑文化艺术当代价值研究（14NDJC112YB）阶段性研究成果，同时也是2007年6月立项的"浙江省文化研究工程"重点课题"浙西霞山古镇民居文化及其时代价值研究"的学术成果，原著作已于2012年12月正式出版。应衢州市文化广电新闻出版局的要求，对原成果进行了整体改版。

本书在撰写过程中得到了开化县文物管理所陆苏军所长、衢州职业技术学院艺术设计学院陆小赛教授、许金友教授、中国艺术研究院姚旭辉博士、杭州科技职业技术学院叶卫霞教授的帮助，特别感谢开化县马金一中汪定老师、霞山村郑渭林先生陪同我们一起下乡考察、收集资料，做了许多的工作。在研究的过程中，也得到了衢州市文联原主席陈才老师、衢州市博物馆陈昌华副馆长、开化县志办公室吴德良等老师和专家的大力支持，衢州职业技术学院艺术设计学院2008级学生丁美君为本书制作民居CAD测绘图。还得到了马金镇政府和霞山、霞田村委会等领导的大力相助。在改版过程中，笔者的研究生杭州师范大学美术学院2015级环境艺术设计胡鸿燕同学做了细致的文字校对工作。感谢妻子陈小平多年来一直支持我做建筑文化遗产保护工作。在这里笔者一并表示感谢！

由于时间有限，本书不免存在疏漏，真挚地希望读者能不吝赐教，以便日后改正！